• 中国农业科学院特产研究所资助

芽孢杆菌和毛壳菌的筛选、鉴定及生防研究

◎华 霜 等著

中国农业科学技术出版社

图书在版编目（CIP）数据

芽孢杆菌和毛壳菌的筛选、鉴定及生防研究／华霜等著．—北京：中国农业科学技术出版社，2020.9

ISBN 978-7-5116-4998-0

Ⅰ.①芽…　Ⅱ.①华…　Ⅲ.①芽孢杆菌属-植物病害-生物防治-研究②毛壳属-植物病害-生物防治-研究　Ⅳ.①Q939.124②Q949.327.8③S476

中国版本图书馆 CIP 数据核字（2020）第 167474 号

责任编辑　李　雪　徐定娜
责任校对　李向荣

出 版 者　中国农业科学技术出版社
北京市中关村南大街 12 号　邮编：100081
电　　话　(010)82105169(编辑室)　(010)82109702(发行部)
(010)82109709(读者服务部)
传　　真　(010)82109707
网　　址　http://www.castp.cn
经 销 者　各地新华书店
印 刷 者　北京建宏印刷有限公司
开　　本　710mm×1 000mm　1/16
印　　张　8.5
字　　数　152 千字
版　　次　2020 年 9 月第 1 版　2020 年 9 月第 1 次印刷
定　　价　48.00 元

《芽孢杆菌和毛壳菌的筛选、鉴定及生防研究》

著作人员

华　霜（中国农业科学院特产研究所）

王英平（吉林农业大学）

郑培和（中国农业科学院特产研究所）

李长田（吉林农业大学）

郭　靖（中国农业科学院特产研究所）

周春元（中国农业科学院特产研究所）

郝　捷（内蒙古昆明卷烟有限责任公司）

刘亚苓（中国农业科学院特产研究所）

目　　录

第一章　概　　述 ………………………………………………………………（1）

第一节　病害种类 ………………………………………………………………（1）

第二节　病害的防治 ……………………………………………………………（6）

第三节　生防菌的种类 …………………………………………………………（13）

第四节　生防菌的研究及意义 …………………………………………………（14）

第二章　芽孢杆菌和毛壳菌的筛选 …………………………………………（21）

第一节　死谷芽孢杆菌的筛选 …………………………………………………（21）

第二节　林下参内生真菌 SF-01 的筛选 ………………………………………（24）

第三节　人参黑斑病菌生防内生真菌的分离筛选 ……………………………（27）

第四节　细辛叶枯病生防细菌的筛选 …………………………………………（31）

第三章　芽孢杆菌和毛壳菌的鉴定 …………………………………………（35）

第一节　死谷芽孢杆菌的鉴定 …………………………………………………（35）

第二节　林下参内生真菌 SF-01 的鉴定 ………………………………………（43）

第三节　人参黑斑病菌生防内生真菌的鉴定 …………………………………（46）

第四节　细辛叶枯病生防细菌的鉴定 …………………………………………（50）

第四章　芽孢杆菌和毛壳菌的生理生化培养特性 …………………………（53）

第一节　死谷芽孢杆菌生理生化特征 …………………………………………（53）

第二节　林下参内生真菌 SF-01 的生理生化特性 ……………………… (61)
第三节　人参黑斑病菌生防内生真菌的生理生化特性 ………………… (67)
第四节　细辛叶枯病生防细菌的生理生化特性 ………………………… (69)

第五章　芽孢杆菌和毛壳菌的生防研究 …………………………………… (75)
第一节　死谷芽孢杆菌在香菇栽培中的生防研究 ……………………… (75)
第二节　林下参内生球毛壳菌 SF-01 对人参病原真菌的生防研究 ……… (89)
第三节　人参黑斑病菌内生真菌的生防研究 …………………………… (97)
第四节　细辛叶枯病生防细菌的生防研究 ……………………………… (98)

第六章　结论与讨论 …………………………………………………… (105)

参考文献 ………………………………………………………………… (111)

致　　谢 ………………………………………………………………… (129)

第一章　概　　述

第一节　病害种类

一、食用菌病害

在食用菌生产过程中，杂菌的防治一直是难题，生产过程中栽培料处理不当常常会出现染菌等状况，尤其在生料栽培方面，由于受外部不适条件或其他有害生物的侵染、侵蚀的影响，而引发子实体变化或菌丝发育以及生理机能等障碍，严重时导致子实体或菌丝体萎缩死亡，使食用菌产量和质量降低，导致整个生产失败。该过程所指生物侵染对食用菌形成的影响或侵害，即为侵染性病害，统称为病害。

在实际生产中，无论作为其前期的营养生长阶段还是后期的生殖生长阶段，都会在管理过程中受到一些人为的影响，如操作中不慎触碰、划破等机械性创伤，管理不及时或者失误而使其氧气供给不足、光线过于强烈或不足、用水过大或过小等客观条件性伤害等。在生产上，尽管也表现出某种病态，但它并非侵染性病害，而称为生理性病害。

在长期的研发实践中，我们发现，菇农在食用菌生产中，一旦出现不如意的现象或结果时，总是一味地从其外部找原因，而往往忽视其内部因素。比如，菌种对地域条件的适应性、菌种自身所具有的抗逆性、抗病性等，都属于品种特征，忽略菌种的自身抗性等问题，将会使研发思路以及实际生产中的防治工作受影响，无助于防治的长远进行，甚至形成误导。所以，在食用菌普及推广过程中，需要提高食用菌生产过程的认知水平。

杂菌主要是指发菌阶段，以食用菌基质为营养源或以食用菌菌丝体为营养源的外来生物，包括真菌、细菌等；杂菌污染可在接种前或出菇阶段发生，尤其当出完一潮菇或二潮菇后，基料营养不足、食用菌菌丝明显衰弱、抗性下降、竞争力不强，加之其他条件，可能使其他真菌、细菌侵染基料，造成较大的为害。生产中常见的真菌类杂菌主要有绿色木霉、曲霉、毛霉、链孢霉、根霉、酵母菌等，另外还有各种细菌等。

生理性病害：该类病害的主要前提是没有病原菌，而是由于技术管理不到位，使发菌或出菇阶段条件不适，导致菌丝或子实体出现异常，如通气不良造成的猴头菇长毛、温度过低形成的平菇瘤盖病等均属此类。基料自身或因配方不当使基料内产生不良气体，也可导致上述结果。

子实体病害：主要是指在出菇阶段对子实体发生直接或间接为害，导致菇体发育不良、萎缩、死亡以及褐变、腐烂等病状的病原菌为害。这些为害因病原菌不同而表现形式各异，有的病原菌既有子实体症状，同时又可单独为害发菌，如绿色木霉；既可认为是真菌病害侵染污染，又可使出菇阶段子实体表现感病，如香菇烂筒病，即是食用菌木霉为害。而且可形成交叉感染，真菌、细菌先后共同为害同一客体等，生产中应仔细鉴别，必要时应迅速取样进行实验、镜检，区别病原，以便对症下药。

二、药用植物病害

植物病害分为真菌病害、细菌病害、病毒病害和线虫病害。随着生产上化学药剂的大量使用，尽管对植物病害防治带来了诸多便利以及成效，然而，随之而来的环境污染、农产品农药残留超标以及病原菌抗药性的形成等负面效应已经引起社会的广泛关注。植物病原物在生长发育以及致病过程中均受到来自寄主植物、环境条件的影响，利用有益微生物来控制病害发生发展的方法称为植物病害生物防治，而这些有益微生物则称为植物病害生防菌。生物防治与化学防治不同，其不仅对人畜安全，而且对环境友好。同时，植物病害生防菌具有改善环境、获得长期效益的作用，符合现阶段植物病害控制的发展方向。

（一）真菌病害

真菌在自然界分布范围很广，从寒带到热带，从空气、水体到土壤。真菌可寄生于动、植物活体，还可以将动物尸体及植物的枯枝落叶作为养分生长。植物病原真菌（Plant pathogenic fungi）是指可以寄生于植物活体上并导致植物发生病害的真菌，目前已知有大约 1.0×10^5种真菌，其中 8 000种以上能够导致植物发生病害。病原菌与植物互作并导致植物发病是一个非常复杂的过程，主要包括 4 个步骤：到达并黏附于寄主表面、形成特殊的侵染结构，如侵染垫、附着胞等；入侵寄主内部；在寄主内部定殖与生长（高芬等，2014）。有些病原真菌还能产生如镰刀菌素等对其寄主有毒的代谢产物，使植物生长受阻，从而导致植物发病（章元寿，1991）。不同的致病基因的侵染过程和对植物代谢调节方式不同，这些基因对病原菌毒素产生、侵染结构的形成、抑制寄主的防卫反应、寄主细胞壁降解等方面发挥着重要作用（王利国等，2003）。

（二）细菌病害

植物细菌病害是一类较难防治的病害，常见的症状包括腐烂、萎蔫及畸形等。植物病原细菌多为杆菌，多数有鞭毛。植物细菌病害的症状主要有 6 种：①斑点型。主要由假单孢杆菌（*Pseudomonas*）侵染引起，如棉花角斑病、黄瓜角斑病及水稻褐斑病；②叶枯型。主要由黄单孢杆菌（*Xanthomonas*）侵染导致，植物感染该菌后最终症状为叶片枯萎，如魔芋叶枯病、水稻白叶枯病及黄瓜叶枯病等；③青枯型。主要为假单孢杆菌（*Pseudomonas*）侵染所致，其侵染部位主要为维管束，通过阻塞导管，致使植物茎、叶枯萎，如番茄青枯病、马铃薯青枯病、草莓青枯病等；④溃疡型。一般由欧文氏菌（*Erwinia amylovora*）或黄单孢杆菌（*Xanthomonas*）侵染所致，在发病后期，病斑木栓化、侵染部位边缘隆起，中心凹陷呈溃疡状，如番茄果实斑疹病、柑橘溃疡病及菜用大豆斑疹病等；⑤腐烂型。主要由欧文氏杆菌（*Erwinia amylovora*）侵染导致，如茄科和葫芦科作物的软腐病、白菜软腐病及水稻基腐病等；⑥畸形。主要由癌肿野杆菌（*Agrobacterium tumefaciens*）引起，可使植物的主根、根颈、侧根以及枝杆畸形，畸形部位呈瘤肿状，如菊花根癌病等。

（三）病毒病害

病毒（Virus）是指没有完整的细胞生命形态，由一个核酸长链和蛋白外壳构成的，只能在适合的寄主细胞内完成自身复制的非细胞生物，又称分子寄生物。病毒体积很小，无法在光学显微镜下观察到。病毒核酸和蛋白质的复制只能依赖于寄主细胞内的合成系统，通过脂蛋白的双层膜定位于寄主细胞内的特定位点上。植物病毒的基本形态为粒体（唐韵，2000），不同植物病毒形态及大小差异较大，大部分植物病毒形态为球状、杆状和线状，少数为弹状、杆菌状和双连体等。部分病毒与以上形态不同：如两个球状病毒联合体，被称为联体病毒或双生病毒；有的病毒形态像子弹头，被称为弹状病毒；还有的呈丝线状。随着全国各地蔬菜种植规模的逐步扩大，尤其是大棚蔬菜的普及和规模化发展，病毒病的发生范围越来越广，已成为危害我国蔬菜生产的第一大病害，年危害面积达到758.6万 hm^2，造成的经济损失已超过1 000亿元（刘勇等，2019）。病毒病害的发生往往造成部分地区药用植物绝收，给种植户造成巨大经济损失，成为严重制约我国药用植物产业健康持续发展的首要因素。

（四）线虫病害

线虫又称蠕虫，是一类低等的原生动物，在地球上分布十分广泛，主要栖息地为淡水、海水及土壤，部分能寄生于人、动物和植物体内，引起动、植物病害。为害植物的线虫被称为植物病原线虫或植物寄生线虫，简称植物线虫，如孢囊线虫（*Heterodera* spp.）、根结线虫（*Meloidogyne* spp.）等。许多植物病原线虫很细，虫体接近透明，导致肉眼不易发现。作为植物的主要病原物之一，植物病原线虫在全世界普遍发生，广泛寄生于各种农作物，对农业生产造成了十分严重的危害，全世界每年因为植物线虫病导致的经济损失达到1 570亿美元。另外，线虫侵染导致的伤口还可以诱发植物进一步被植物真菌和细菌病害侵染（李娟，张克勤，2013）。

病害制约农作物、经济作物、药用植物产品的高产、稳产和优质，随着人们对无污染、无公害绿色食品呼声的日益提高，生物防治已成为病害防治的重要手段。植物叶片真菌病害的症状随着病原菌种类不同而变化，病原菌一般在叶片表面长出霉状物、粉状物等，致使植物叶片发生变色、坏死、畸形、萎蔫、穿孔、早落等。这些病害现已成为农作物、经济作物、药用植物高产、稳产、优质的主要障碍，使得叶片真菌病害的防治显得尤为重要。随着人们对无污染、无公害绿色食品呼声的日益提高，生物防治已成为继农业防治、化学防治之后的又一重要防治方法。植物病害的生物防治是指通过除人以外的一种或多种生物来降低病原菌数量或减弱病原菌的致病活力，从而减少病原菌所致病害的发生。这种方法对其他有益生物和非防治对象不会或很少产生伤害，有利于生物多样性的保护，又具有花费少、效果好、有效时间长的优点。目前，在植物叶片真菌病害防治过程中已筛选出许多生防菌，有些生防菌已应用于生产，取得显著效果。

药用植物在全世界范围传统地用来治疗多种疾病，包括哮喘、胃肠道疾病、皮肤病、呼吸系统疾病、泌尿系统疾病以及肝脏和心血管病等。药用植物能合成许多对其在自然界生存及繁衍非常重要的生物活性物质，能够在其遭受病虫害以及温度、水分状况、矿质养分供应等非生物因素胁迫时起到保护作用。药用植物的生物活性物质因植物种类、土壤类型以及其互作的微生物种类不同而发生变化。植物体产生的这些活性次生代谢产物能影响互作微生物的区系组成及生理功能，同样植物体还依赖这些微生物的一些特性及活性功能，如改善植物体的生长状况、获得营养、诱导植物对非生物因素胁迫的抗性及耐受性。当前，虽然许多种药用植物的化学成分及药效功能已明确，但是其共生的微生物类群以及和微生物的生理互作还有待阐明。内生真菌作为与植物互作微生物的一个重要类群，可以无外观症状地生长在健康植物的地上或地下不同组织内，包括茎、叶、花、果实、种子、根等。内生真菌具有极高的生物多样性，自然界中的内生真菌种类估计超过 100 万种。而药用植物内生真菌，因其宿主植物的特殊性，已越来越受到人们的关注。

第二节　病害的防治

一、物理和化学防治

在食用菌栽培中，物理消杀以光消毒为主，紫外光可以有效地减少环境的微生物数量，作为生产中较为简单和实用的消毒手段。一些生产用具则可以用高温灭菌的方法，达到无菌效果。

菇房用生石灰处理地面、高锰酸钾溶液擦拭用具，甲醛熏蒸等能有效减少杂菌生长。发生杂菌侵染后多使用化学药剂，如多菌灵、克霉灵、百菌清等。

甲醛熏蒸菇房是常用的手段，但是刺鼻的味道，让人难以忍受，熏蒸后需长时间通风后才能进入操作。甲醛是一种细胞毒物，进入人体后可使蛋白质凝固，破坏细胞蛋白质，损害肝脏、肾脏，引起细胞突变，并有致癌作用，10 g 甲醛即可引起死亡。生产中多用 50～100 倍甲醛溶液稀释液，杀菌效果达到 100%（董昌金，2004）。此外，由于食用菌菌丝生长的适宜条件各有差异，对外界物质的分解速度及同化能力不同，有些品种本身代谢中就有甲醛产生（林树钱等，2002）。所以，生产中更应减少甲醛的使用量。在人们的日常生活中，甲醛已经被认为是环境污染的重要污染源，它可导致女性生理问题、胚胎畸形等（吴成秋，2010）。

多菌灵是常用的杀真菌剂之一，极低浓度（0.05%）的多菌灵就能完全抑制根霉、曲霉、木霉、青霉的生长，且多菌灵对毛霉也有一定的抑制作用（胡建伟等，2004）。食用菌也是一种真菌，有些对多菌灵也很敏感，如猴头菇、木耳、银耳和竹荪等（康业斌等，1998）。现在由于大量的施用化学药剂，使得杂菌产生了耐药性，甚至突变株。田连生，陈菲（2009）在耐药性木霉菌株的诱变选育过程中，得到一株能矿化多菌灵的变异菌株 T32，它能够在含多菌灵 2 000 mg/L 培养基上生长。该菌株对多菌灵、速克灵、异菌脲、甲基硫菌灵和三唑酮这 5 种常用化学农药的降解率分别达到 91. 4%、92. 1%、55. 3%、40. 1%和 86. 5%。

蒋冬花（2001）认为，百菌清虽然对污染霉菌的抑制作用很强，但对食用菌菌丝生长也有极强的抑制作用（抑制率>90%）；陈欢等（2011）认为，克霉灵 250 倍液有效抑制青霉，对灵芝和黑木耳没有抑制作用，克霉净 400 倍液有效抑制青霉，对灵芝没有抑制作用。

这些化学药剂各有用武之地，但农产品是人民群众的生活必需品，而农药残留和含量超标将直接影响农产品的食用安全。因此，在 2007 年全国产品质量和食品专项整治行动中，已将农药残留、甲醛含量超标检查列为各地工商部门的工作重点。化学药剂虽然可以有效杀灭食用菌生产过程中产生的杂菌，但是残留问题，一直是无法提高食用菌品质的重要问题。

物理、化学防治根腐病：物理防治主要包括轮作、太阳光消毒及换土等。化学防治即使用化学农药抑制土壤中病原菌。张旭丽等（2015）采用拌种和包衣研究了不同药剂对大豆根腐病的防治效果，结果显示，36. 8%阿多福（阿维菌素 · 多菌灵 · 福美双）SC、18%福克 SC 和 40%卫福 SC 对大豆根腐病均有很好的防治效果，相对防效分别为 83. 6%、81. 5%、80. 2%。何晨等（2013）以 1 年生黄芪（*Astragalus mongholicus*）种苗为材料，从恶霉灵、甲基硫菌灵、高巧+瑞苗清 3 种药剂中筛选出防治黄芪根腐病的最有效药剂。结果表明，高巧+瑞苗清药剂组合（22 512+24 012 g/hm^2）防治效果最佳，为 32. 2%；其次为甲基硫菌灵药剂处理（502. 5 g/hm^2）。孙超等（2006）测定了载银无机抗菌制剂 Zeomic 和 AM1 对大豆根腐病重要病原菌 *Fusarium oxysporum*、*Fusarium solani* 和 *Rhizoctonia solani* 孢子萌发及菌落扩展的抑制作用。结果表明，使用浓度为 500 mg/L的 Zeomic 溶液可以完全抑制 *F. oxysporum* 和 *F. solani* 的孢子萌发。AM1 对病菌孢子萌发的抑制作用随着浓度的升高而增强，在浓度为 250 mg/L时对 *F. solani* 孢子萌发的抑制率为 18. 8%，1 000 mg/L时可完全抑制。

二、生物防治

生物防治根腐病：刘海龙等（2008）用8株生防细菌对15种病原真菌进行室内平板对峙试验，试验结果表明，8株生防细菌都具有较广的抑菌谱。对大豆根腐病病原菌尖镰孢菌（*F. oxysporum*）及茄腐镰刀菌（*F. solani*）分别进行盆栽试验，防效最高为B04b（*F. oxysporum*）达到62.7%和B09（*F. solani*）达到60%。田间试验中，对大豆根腐病的防效为34.6%～47.6%。高琳娜等（2011）利用枯草芽孢杆菌（*Bacillus subtilis*）Bs-0728的发酵液灌根，对板蓝根根腐病防效达到72.97%，与化学农药处理无显著差异，且具有较强的增产效果；吴玉柱等（2004）用枯草芽孢杆菌BA31制成生防菌制剂防治牡丹根腐病，田间防效达到70%以上；滕艳萍等（2006）用木霉制剂针对黄芪根腐病进行防治，发现3种制剂均有显著的防病效果。李琼芳等（2007）发现哈茨木霉T23、T158在室内条件下能显著控制麦冬、丹参、川芎等中药的根腐病发生。木霉制剂T23对川芎根腐病的防治效果优于多菌灵，同时还具有增产效果。

正是由于枯草芽孢杆菌无致病性，并可以分泌多种酶和抗生素，而且还具有良好的发酵培养基础，所以用途十分广泛。

马志远等（2012）从烟草表面及根际土壤分离得到一种解淀粉芽孢杆菌，对烟草赤星病有拮抗效果，其抑菌条带宽度达到14.2 mm，该菌株使烟草褐斑病立枯丝核菌菌丝生长出现畸形，菌丝体内部细胞原生质体分布不均匀，部分菌丝内原生质有流出，形成空壳的现象。在离体条件下采用生长速率法，测得其对立枯丝核菌菌丝生长有抑制作用，菌株粗提物质量浓度为80 mg/L时，其对烟草赤星病的防治效果达到86.0%。

陈莉等（2004）报道了枯草芽孢杆菌培养液、过滤液和灭活液对葡萄灰霉菌、草莓灰霉菌、辣椒灰霉菌和番茄灰霉菌丝生长的抑制作用。菌液浓度为10^5 CFU/mL时，对4种灰霉菌的抑制率均达到100%；菌液浓度为10^8CFU/mL时的过滤液，抑制率也均在50%以上。灭活液对灰霉菌的抑制作用明显减弱，对辣椒灰霉菌、葡萄灰霉菌、番茄灰霉菌和草莓灰霉菌的抑制率分别为 73.6%、39.5%、50%和 25%。

芽孢杆菌可以产生并分泌高活性的胞外产物（Extracellular products），如蛋白酶、淀粉酶、脂肪酶等水解酶，果胶酶、葡聚糖酶、纤维素酶等分解非淀粉多糖的酶类（Sögarrd，1990）。近年来，芽孢杆菌被作为益生菌广泛应用于水产养殖业（丁贤等，2004），饲料添加剂（Lin et al.，2004）、可湿性粉剂（李雪娇，2011）。还有报道芽孢杆菌能分泌一些抗菌类物质，抑制部分病原菌（田黎，李光友，2001）。在微生物工业生产中，芽孢杆菌也常用于生产某些酶制剂，为满足生产的需要，将芽孢杆菌胞外产物中的某一特定成分进行提纯分析。

曹春娜等（2009）研究发现，枯草芽孢杆菌可湿性粉剂对黄瓜灰霉病病原菌具有较高的杀菌活性。室内生物活性测定中，枯草芽孢杆菌可湿性粉剂对黄瓜灰霉病菌的活性较高，抑菌效果在 50%以上。田间药效试验中，枯草芽孢杆菌可湿性粉剂防效达到 49%~80%，随着施用浓度的增大，防效有增高的趋势，各处理间差异极显著。

张慧等（2008）报道了死谷芽孢杆菌对大丽轮枝菌侵染和为害有显著的抑制作用。在施用拮抗菌摇床培养液（VS）、有机肥（VF）和两者结合（VFS）的 3 个处理中，VFS 效果最显著，防病率达到 57%，植株生理性状显著改善，根际可培养微生物数量发生了显著变化。首次报道了死谷芽孢杆菌对棉花黄萎病有抑制作用。

芽孢杆菌可产生肽类、脂肽类、磷脂类、多烯类、氨基酸类、核酸类等抗菌物质（Sugita et al.，1998），不同种类的抑菌物质有不同的生物学活性，因此，芽孢杆菌所分泌的胞外抑菌物质能抑制真菌、细菌、病毒等多种致病因子。

刘颖等（1999）从枯草芽孢杆菌中分离出一种广谱抗真菌肽 LP-1，对瓜果腐霉（*Pythium aphanidermatum*）、玉蜀黍赤霉菌（*Gibberella zeae*）、长柄链格孢（*Alternaria longipes*）和水稻稻梨孢（*Pyriculoria oryzae*）等有很强的抑制作用。LP-1 可造成绿色木霉（*Trichoderma viride*）菌丝生长形态异常，菌丝端部膨大，菌丝扭曲，分支加剧，菌丝内细胞质分布不均匀，发生凝聚。茚三酮反应以及测序结果均证实其为环肽（Cycle lipopeptide）。

李宝庆等（2010）分离纯化了枯草芽孢杆菌菌株 BAB-1 产生的脂肽类抑菌物质和挥发性抑菌物质。结果表明，脂肽类抑菌物质分别由表面活性肽（Surfactin）、丰原素（Fengycin）和一种未知物质组成，其中 Fengycin 起主要抑菌作用；挥发性抑菌物质至少含有 17 种成分，主要为醇类、酮类、酸类、胺类、烷烃类等，同时明确了其中以甲酸为代表的 5 种挥发性物质具有抑菌活性。

Schreiber 等（1988）发现，枯草芽孢杆菌（*B. subtilis*）能够抑制黄萎菌菌丝的生长，进一步研究发现 *B. subtilis* 可以产生环状肽类的抗菌素，主要有分枝杆菌素、伊枯草菌素 A、芽孢菌霉素、抗霉菌枯草杆菌素、制真菌素、亚孢菌素、枯草杆菌溶血素和 Fengymycin。这种枯草芽孢杆菌产生新型的抗真菌环肽，有很广的抑菌谱，对棉花枯萎病等多种病原菌及黑曲霉的孢子萌发有强烈的抑制作用，对菌丝生长也有较强的抑制作用。

Johnson 等（1945）报道了一株枯草芽孢杆菌能分泌水溶性的抗菌物质，大多数为非蛋白类小分子抗生素，也有一些是脂肽类或多肽类抗生素，主要包括 Iturin 家族、Surfactin 家族、Fengycin 家族和 Kustakins 家族等产生的抗生素。还有一些能产生抗菌蛋白或者细菌素（何礼远，1995；黎起秦等，2000）。科学家们发现枯草芽孢杆菌中许多菌株都能产生该类物质。伊枯草菌素是一类小分子环脂肽类物质（分子量约为 1 000 Da），脂肽由 7 个或 10 个氨基酸组成肽环，并与脂肪酸链连接，脂肪酸链长度略有不同，枯草芽孢杆菌的脂肽类脂肪酸链长度为 C_{13}—C_{16}，伊枯草菌素类为 C_{14}—C_{17}，芬枯草菌素为 C_{14}—C_{18}，每种脂肽类都由不同的类似物和异构体组成。枯草芽孢杆菌脂肽是人们了解最多的脂肽，有广谱抗菌活性，伊枯草菌素和芬枯草菌素有抗真菌活性等（Mhammedi et al.，1982；Besson，Michel，1987；Das et al.，2008；Francoise P et al.，1984；Haddad et al.，2009；Kim et al.，2004），见表 1-1。

目前，国内外伊枯草菌素的发酵方式分为液体发酵（Akihiro et al.，1993；Choukri et al.，1996）和固态发酵（Akihiro et al.，1995；Akihiro et al.，1996），其中液体发酵均是游离细胞培养。生物表面活性剂（Surfactin）是由枯草芽孢杆菌产生的与伊枯草菌素结构相似的环脂肽（顾真荣，2004；Maget-Data et al.，1992；Sandrin et al.，1990）

表 1-1 生防芽孢杆菌脂肽抗生素特性介绍

类别	脂肽抗生素	生物活性	部分理化特性
伊枯草菌素类	伊枯草菌素 A	强烈抑制植物病原真菌，部分细菌，具有杀虫作用	无色粉末，不溶于水，可溶于甲醇。耐高温，耐酸，对蛋白酶 K 不敏感
	杆菌抗霉素 D	抑制多种植物病原真菌	
	杆菌抗霉素 F	抑制多种植物病原真菌、较弱抑制细菌	无色粉末，不溶于水和绝大多数有机溶剂，可溶于甲醇、75%乙醇、嘧啶二甲亚砜以及碱性溶液，耐高温，耐酸
	杆菌抗霉素 L	抑制真菌	
	抗霉枯草菌素	强烈抑制植物病原真菌	白色晶体，难溶于水，不溶于低浓度强酸和弱碱，可溶于 70%乙醇和低浓度强碱。耐高温
	枯草菌素 A、B、C	抑制植物病原真菌、细菌	均不溶水，可溶于二甲基亚砜，耐高温。枯草菌素 A 为无色粉末，B、C 为无色晶体，可溶于甲醇
表面活性剂	表面活性剂 A、B、C	抑制少数植物病原真菌、多种细菌、病毒，具有杀虫作用	白色针状晶体，微溶于水，可溶于碱液和大多数有机溶剂，如甲醇、乙醇。两性分子，具强烈的表面活性
丰原素类	丰原素 A、B	强烈抑制植物病原真菌	无色粉末，不溶于水，可溶于极性有机溶剂，如甲醇。耐高温、耐酸。177℃下无色变红色
	制磷脂素	抑制植物病原真菌	无色粉末，可溶于水，甲醇、乙醇、丁醇，不溶于丙醇。不耐酸，耐高温

脂肽分子由亲水的肽链和亲油的脂肪链两部分组成，由于其特殊的分子结构，脂肽在抗生素、化妆品及微生物采油等领域有重要的应用前景（Desai，Banat 1997）。细菌产生的脂肽种类繁多、结构复杂。即使具有同一基本结构的脂肽也存在多种结构类似物（Hue，Serani，2001；Deleu et al.，1999）。表面活性素类群的脂肪酸碳链长度为 13~16 个，具有 LLDLLDL 的手性七肽通过内酯键与脂肪酸链碳原子的 β 羟基相连，在水溶液中分子成“马鞍状”构象。邓建良等（2010）叙述了伊枯草菌素类群包括伊枯草菌素（Iturin）A、B，杆菌抗霉素（Bacillomycin）D、F、L，抗霉枯草菌素（Mycosubtilin）以及枯草菌素 A、B、C（陈华，2008；Francoise et al.，1984；Mhammedi，1982；Yoshio et al.，1995），其脂肪酸链碳链长度一般为 14~17 个，具有 LDDLLDL 手性 7 个强极性氨基酸短肽的 N 端氨基通过形成肽键与脂肪酸链羧基相连。丰原素类群包括丰原素

（FengycinA、B）和制磷脂素（Plipastatin A1、A2、B1、B2），脂肪酸链碳链长度一般为 14～18 个，8 个氨基酸成环，线状部分包括 2 个氨基酸和脂肪酸链（Vanittanakon et al.，1986；Nishikiori et al.，1986），见图 1-1。

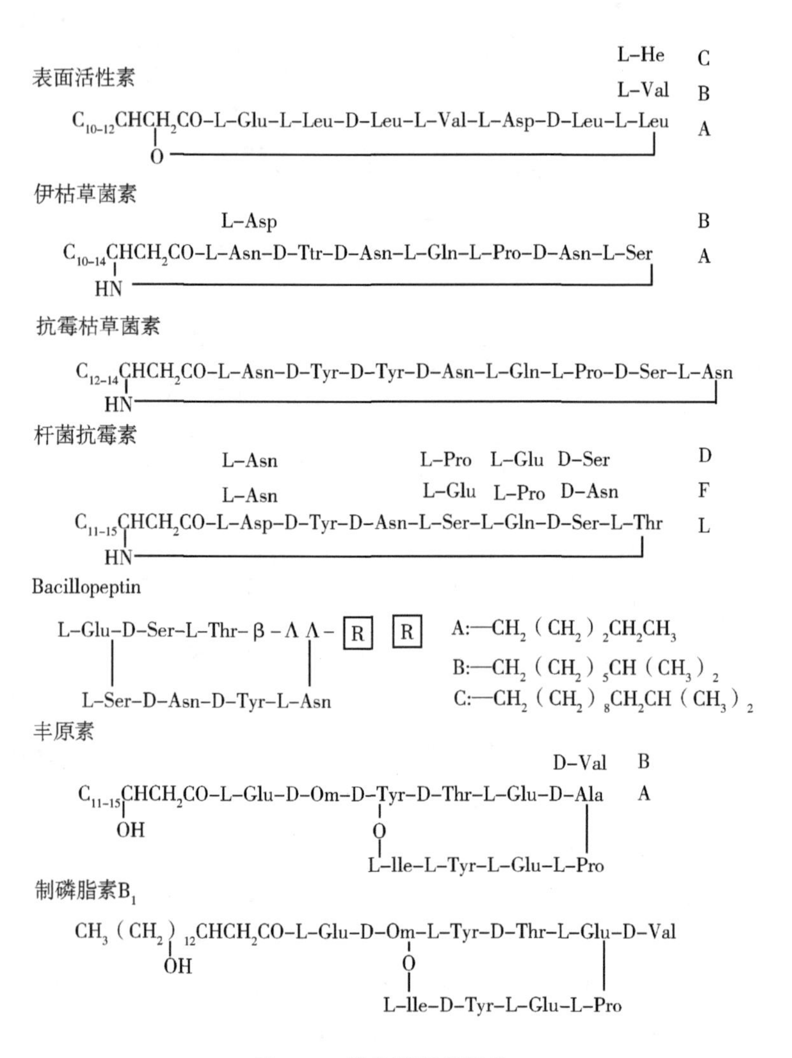

图 1-1　部分脂肽类结构

第三节 生防菌的种类

生防菌（*Biocontrol bacteria*），是指那些有益微生物，可以防治植物病害的各种菌类。

一、毛壳菌

毛壳菌种类较多，有300多个种，一般情况下，常存活于土壤以及有机肥中，甚至可以存活于诸如植物残体以及动物、鸟类的粪便中。该菌具有降解纤维素、有机质特性。鉴于此，其广泛应用于植物病原菌的生物防治方面。其中，球毛壳菌、角毛壳菌均可以较好地预防甘蔗猝倒病，以及较好地防治番茄枯萎病和苹果斑点病的发生。就对立枯丝核菌、尖孢镰刀菌的抑制作用而言，球毛壳菌强于角毛壳菌。此外，球毛壳菌还可以较好地保护谷物、燕麦和大麦免受由雪腐镰刀菌和禾旋孢霉引起的幼苗枯萎。

二、芽孢杆菌

芽孢杆菌是一个多样性十分丰富的微生物类群，分布广泛，其抑制植物病原菌的范围很广，包括根部、叶部、枝干、花部和收获后果实等多种病害，是一种理想的生防微生物。芽孢杆菌（*Bacillus*）是一类好氧型、内生抗逆孢子的杆状细菌，广泛存在于土壤、湖泊、海洋和动植物的体表，在生长条件不适宜时，枯草芽孢杆菌停止生长，同时加快代谢作用，产生多种大分子的水解酶和抗生素。在极端的条件下，还可以诱导产生抗逆性很强的内源孢子。

芽孢杆菌在应用中，表现为以下特点。

（1）芽孢杆菌种类繁多，数量大，能够产生多种多样的生理活性物质，复杂多样的生防机制使病原菌不易产生抗药性，拮抗细菌具有多种抑菌机理，且通常以两种以上的抑菌机制协同作用。

（2）芽孢杆菌繁殖十分迅速，代谢旺盛、产素周期短，适宜的条件下 36 h 培养液即实现对木霉的良好拮抗效果。

（3）芽孢杆菌无致病性，而且还具有良好的发酵培养基础，有利于维持有益微生物的生态平衡。分泌产生的多种酶和抗生素通常直接作用于相应的病原菌，特异性强，不会对农业生态系统产生负面影响，安全性较高。

（4）拮抗细菌的活体可以通过制成可湿性粉剂，应用于田间作物、水产养殖，并且具有简单的培养能力，在施用后有良好的定殖能力，使得其防效具有更持久的效果。

正是由于芽孢杆菌的这些特点，特别是使用活菌制剂的生物制品，表现出强大的生命力，用途十分广泛。我国逐渐加深芽孢杆菌的研究领域，如 α-淀粉酶、碱性纤维素酶、纳豆激酶（李洁等，2007；郭成栓等，2007；黄志立等，2002）等已有生产应用。芽孢杆菌与人们的关系越来越密切，采用现代生物研究手段，可望获得更多的具有潜在应用价值的菌株及未知的活性物质，对人类生产生活具有更大的意义。

第四节　生防菌的研究及意义

目前对生防微生物的作用研究包括三个方面：对病原菌的直接抑制作用；促生作用；对作物多种抗逆性的影响。研究表明，生防微生物具有促生（Ryu et al.，2003；Vessey，2003）、提高作物抗寒性（Theocharis 等，2012；Kakar 等，2016）、抗旱性（Mayak 等，2004；Arshad 等，2008）、抗重金属（Jiang 等，2008；Rajkumar 等，2012；曹书苗，2016）、对根系分泌化感抑制物质的降解作用（毛宁等，2010；王晓辉，薛泉，2011）及对恶性寄生杂草列当防除作用（陈杰等，2013）。具有这些功能的微生物也被称作根际促生细菌（plant growth-promoting rhizobacteria，PGPR）或根际促生真菌（plant growth-promoting fungi，PGPF）。这些微生物的主要特征为促进植物生长，提高植物健康水平。

食用菌中，杂菌的防治一直是难题，木霉是国内外食用菌栽培及菌种生产中为害严重的一种真菌性病害，木霉在大多数土壤类型中普遍存在。为了减少杂菌的侵染，农业上常使用农药来进行杀灭，而现今发现生物防治效果要优于化学农药。从减少生物有害成分的残留来考虑，生物防治将有良好的发展前景。

芽孢杆菌是人类发现最早的细菌之一，如嗜温、好氧或兼性厌氧、能产生抗逆性内生孢子的革兰氏阳性杆状腐生细菌，是一个十分丰富的多样性微生物类群，分布广泛，其抑制病原菌的范围很广、抗性强、无毒副作用等优点，在动物、植物的生物防治中，应用比较广泛，是一种理想的生防微生物。它能产生耐热抗逆的芽孢，利于生防菌剂的生产、加工，在各种应用环境中存活能力强、定殖与繁殖效率较高（Emmert Handelsmen，1999；Blakeman，Fokkema，1982；黎起秦等，2000）。现在关于芽孢杆菌作为生防菌的研究与应用，集中于植物病原菌引起的病害，并取得了显著的成效。所以，通过已有的技术手段和研究基础，针对食用菌生产开发利用这一生物防治方法，势必会有良好的研究开发前景。

人参（*Panax ginseng* C. A. Mey）为五加科人参属多年生草本植物，主要分布在我国东北地区，吉林省长白山麓是人参种植的主产区。近年来，随着人参产业的迅速发展，人参病害逐年加重。其中，人参黑斑病（*Alternaria panax*）是人参生产上发生最普遍、为害最严重的病害之一，其发病率为20%~30%，严重的可达70%以上甚至绝收（张雷鸣等，2016）。该病害主要为害叶片、茎和果实，造成人参叶片早期落叶，植株提前枯萎，不结实及参根减产等（陈长卿等，2019）。目前，生产上防控人参黑斑病以化学防治为主，通过施用嘧菌酯等化学药剂控制病情蔓延（王迪等，2018），但化学防治容易导致农药残留、病原菌产生耐药性、并对环境造成一定的污染（Kalia Gosal，2011）。由于生物防治可以抑制人参病害的发生，且具有绿色、安全、高效等特点，是目前较为理想的病害防治方法，但利用此方法进行人参黑斑病防治的报道较少。因此，寻找能够有效防治人参黑斑病的微生物菌种资源显得尤为重要。

植物内生真菌是指在其生活史的一定阶段或全部阶段，生活于健康植物各种组织内，不会引起宿主植物发生明显病害的一类微生物类群（Rodriguez 等，2009）。内生真菌产生的次生代谢产物可防治植物病害（XIE 等，2015）、促进植物生长（Amaresan et al.，2012）、提高植物抵抗病原菌的能力（Santhanam 等，2015）等。因此，近年来，有关内生真菌的研究逐渐受到研究者们的关注。因此，本研究以健康林下参叶片内生真菌为研究对象，对获得的 1 株对人参黑斑病菌具有良好拮抗作用的内生菌株 FS-01 进行鉴定，并优化培养基配方和发酵条件，以期为利用林下参内生真菌进行人参黑斑病生物防治奠定理论基础。

目前，防治人参病害主要利用化学药剂。化学药剂不仅价格昂贵而且对于防治病害的效果较差。此外，过度使用化学药剂会导致土壤中微生物环境的变化。况且，这些化学药剂对人类和植物有害，并且可能导致病原菌产生耐药性（Kalia，Gosal，2011）。用植物内生菌防治人参病害国内外已有很多报道（Eo 等，2014；李鹏祥等，2013）。内生菌被定义为其生活史全部或部分生活在植物组织内，通常对寄主植物不造成影响和伤害的微生物类群（Rodriguez 等，2009；Park 等，2017）。内生菌在植物病害防治中扮演着重要的角色（Chowdhury et al.，2017）。内生菌通过激活细胞对病原菌的防御反应，如氧化反应、加固细胞壁、相关防御酶反应和次生代谢产物积累等，从而增强宿主抵御病害的能力（Ernst，2010）。内生菌在植物体内具有稳定的生存空间，不易受环境条件的影响，因此，利用内生菌防治植物病原菌既是一种环境友好型又是一种经济有效的方法。在本研究中，利用前期从林下参叶片分离的内生真菌球毛壳菌（*Chaetomium globosum*）为研究对象，明确球毛壳菌、孢子悬浮液和发酵液对人参病原菌的抑制作用，以期更好地防治人参主要病害，并为寻找新型生物菌肥的研制奠定基础。

东北三省是人参的主产区，人参种植已成为当地的支柱产业之一（何迪等，2010）。人参有许多药理活性，如抗癌、抗糖尿病、抗氧化和抗遗忘症等（Ernst，2010）。其中，人参皂苷是最重要的药理活性成分之一（宋利华等，2012）。在人参栽培过程中最常见的病害有黑斑病、灰霉病、根腐病、菌核病、疫病、炭疽病和锈腐病等，严重影响了人参的生长（王春伟等，2011）。内生菌被定义为那些在其生活史的一定阶段或全部阶段生活于健康植物的各种组织和器官内部的真菌或细菌，被感染的宿主植物至少是暂时不表现出外在病（Stone 等，2000）。这些内生菌与植物是互惠共利的（Aly 等，2011）。研究表明，已经在大多数植物体内发现了内生真菌的存在（Guo 等，2008）。内生真菌生活在木本和草本植物中，它们为植物生长提供有益的作用，如提高植物的抗病能力和逆境胁迫等。目前，这些生物在农业、医药和工业方面被认为是一个潜在的和新颖的天然生物活性产品来源（Gunatilaka 等，2006），其产生了许多有价值的抗菌、杀虫、细胞毒性和抗癌作用的生物活性化合物（Strobe 等，2006）。这些生物活性化合物由生物碱、萜类和酚类组成（Zhang 等，2006），它们能够帮助寄主植物抵抗各种逆境，促进植物生长，提高寄主植物次生代谢产物的生成（Silvia 等，2007）。

长期以来，以化学农药为主的人参病害防治方法，不仅给环境造成了严重污染，而且也导致了植物体内农药残留量的升高（韩长志，2015），这样大大降低了人参的品质，因此，人们把病害防治重点逐步转向生物防治（Someya，2008）。内生真菌与植物大多以共生关系存在，它们对植物不造成伤害，但对植物的生长发育却具有一定的促进和保护作用，因此内生真菌在植物病害生物防治方面具有重要价值（Brum 等，2012）。基于此，本研究采用形态学观察和 ITS 序列分析相结合的方法对 2015 年本课题组从健康人参叶片中分离筛选出的内生真菌菌株进行了研究，包括其形态特征、分类归属及抑菌特性等，以期为人参黑斑病生物防治中的应用提供科学依据。

细辛（*Asarum sieboldii* Miq.）又名细参、烟袋锅花，为马兜铃科 *Aristolochiaceae* 细辛属多年生草本科植物，是一种重要的药用植物（国家药典委员会，2015），主产于东北三省。细辛性温、味辛，有温经散寒、祛风止痛、通窍、止咳平喘、通利血脉的功效，用于治疗风寒头痛、痰多咳喘、关节疼痛、齿痛、鼻渊等症（朱跃兰等，2010）。

叶枯病是细辛生产上已报道的主要病害，发生普遍（黄瑞贤等，2007）。病原菌为槭菌刺孢（*Mycocentrospora acerina*），主要为害叶片，病斑近圆形，棕褐色周围伴有轮纹，发生严重病时斑腐烂，穿孔，整个叶片枯萎（傅俊范等，1995），严重影响光合作用，造成细辛减产。目前，生产上细辛叶枯病防治主要依靠化学农药，如多菌灵、代森锰锌、速克灵、异菌脲等。化学防治具有见效快、杀菌谱广等特点，但化学农药不合理使用引起的药物残留、食品安全和环境污染等问题日益显现（张海良等，2011；翟明涛等，2014），甚至导致病原菌抗药性递增等现象（束炎南，1981），而生物防治能在不污染环境的条件下防治植物病虫害，具有安全、无残留、特异性强等优点。拮抗菌作为生防微生物，包括拮抗细菌、拮抗真菌及放线菌，主要从植物体内及根际土壤中获得（李长松，1992）。拮抗细菌防治病害的作用方式多样，可以通过寄生、竞争和诱导植物产生抗性等方式来防治病害，有些拮抗细菌不仅能防治病害，还可以增加作物产量（程亮等，2003），而且不会对植物产生为害。因此，利用生防细菌防治细辛病害有助于药材的品质、提高药材的产量，具有生态和经济的双重效益。目前，国内外尚未有人进行细辛叶枯病生防菌株的筛选。因此，本研究从细辛健康植株根际土中分离出对细辛叶枯病具有生防效果的拮抗菌，以细辛叶枯病菌为靶标菌，通过拮抗菌抗菌和发酵液抗菌试验对拮抗菌株进行筛选，然后对筛选出的拮抗菌株进行形态学、分子生物学鉴定及盆栽活体防治效果评价，以期为细辛叶枯病的生物防治提供理论和技术支撑。

木霉是土壤微生物系统中存在最普遍的真菌，在食用菌生产中比较常见，是食用菌生产中主要的竞争性杂菌和病原菌，对多种食用菌子实体具有很强的寄生性，常在食用菌的制种和栽培过程中污染培养料和菌丝体，影响产品质量并造成减产。如香菇受害后菌柄和菌盖变褐腐烂，表面被一层绿色木霉覆盖，后期感染的子实体逐渐腐烂，且整个菌棒也会霉变腐烂（吴晓金等，2007）。

木霉菌（*Trichoderma* spp.）属于真菌界，双核菌门，半知菌亚门，或不完全菌（Imperfect fungi）中的丝孢菌（*Hyphomycetes*）（姚一建，李玉译，2002），是土壤微生物区系的重要组成部分，其菌丝生长及孢子萌发能够适应较广的温湿度和 pH 范围，且腐生性强，生长和繁殖迅速。木霉可以产生纤维素酶、葡聚糖酶、木聚糖酶、葡萄糖甘酶等，其主要用于植物病虫害生物防治的研究（Sehmoll et al.，2005；Djonovié et al.，2006；Paloheimo et al.，2007；Geysens et al.，2005；Donoso et al.，2008）。这几类酶对植物病原真菌的细胞壁具有强烈的水解作用，从而抑制病原真菌的孢子萌发并引起菌丝以及孢子的消解，而且这些酶之间通过协同作用，也具有与杀菌剂及细菌等生防因子协同作用的功效。

木霉生长速度快，产孢量大，侵染范围广，易造成病害流行。木霉被认为是一种寄生菌（Benhamou Chet，1993），可以产生大量的解聚酶，现已发现哈茨木霉（*T. harzianum*）、绿色木霉（*T. viride*）、康氏木霉（*T. koningii*）、钩状木霉（*T. hamatum*）和长枝木霉（*T. longibrachiatum*）等对多种植物病原菌表现拮抗活性（Chet，1987），在生物防治应用中，可以防治植物的多种真菌病害。但在食用菌中，属于杂菌，若在制作食用菌培养料时侵染，则整批培养料需要重新进行灭菌；若是在第一潮菇生长期内侵染发病，不仅会影响这一潮菇的产量和质量，还会使发病培养料上不再继续出菇（Geremia et al.，1993）。Muthumeenakshi 等（1994）和 Castle 等（1998）进行了与蘑菇堆料相关的哈茨木霉种群的分子鉴定，侵染性菌株是欧洲和北美洲的土著菌，被认为是蘑菇大量减产的主要原因，侵染性的菌株可使蘑菇产量减少 80%（Sharma et al.，1999）。

吴小平等（2008）对食用菌栽培过程中相关木霉种做了形态学和 ITS 鉴定，发现侵染食用菌栽培料的主要为哈茨木霉（*T. harzianum Rifai*），长枝木霉（*T. longibrachiatum Rifai*），深绿木霉（*T. atroviride Karsten*）和棘孢木霉（*T. asperellum Samuels*）4 种木霉菌，哈茨木霉和长枝木霉出现频率最高。邵凌云等（2008）认为，木霉菌的重寄生作用是其拮抗病原真菌的主要机制，它包含了对病原菌的侵袭、识别、接触、缠绕、穿透和寄生等一系列连续步骤的复杂过程。多数学者（Elad et al.，1984；Barak et al.，1985；Elad et al.，1983；Elad et al.，1983）认为，拮抗木霉菌在寄生过程中产生了一系列降解病原菌细胞壁的水解酶，如几丁质酶（chitinases）、纤维素酶（cellulases）、木聚糖酶（xylanaes）、葡聚糖酶（glucanases）和蛋白酶（proteinases）等（于新等，2005）。研究表明，与拮抗木霉菌的生防作用有关的胞外酶主要是几丁质酶和β-1，3-葡聚糖酶，它们被认为是影响生防真菌重寄生能力的重要因子（Lorito et al.，1993）。

虽然木霉对多种植物病原真菌有拮抗作用，它产生的几丁质酶可以破坏病原真菌的细胞壁，很大程度上抑制了病原真菌的生长，以达到防治效果（Lorito et al.，1993）。但是食用菌生产应用中，木霉与香菇接触共同培养时发现，两菌丝互相缠绕，木霉与香菇竞争养分，导致香菇菌丝出现枯萎、溶解，不能正常生长。而几丁质酶活性与侵染性无关，木霉对食用菌或植物病原真菌的侵染力与木霉的几丁质酶活性之间没有数量上的相关性（杨合同等，2003；吴晓金等，2007）。

木霉菌还可以产生挥发性或不挥发的抗菌素类物质。这些抗菌物质包括木霉菌素、胶霉毒素、绿木霉素、抗菌肽等（Baek 等，1999；Bertangnolli et al.，1998）。木霉菌能产生抗真菌代谢产物，一个菌株可产生多种抗生素，这些抗生素的化学性质各不相同，包括戊酮、辛酮、萜类、多肽和氨基酸衍生物等。在木霉菌与病原菌对峙培养中出现抑菌圈，说明在代谢过程中产生了某些抗生物质。Horace 等（1986）报道了哈茨木霉菌防治立枯丝核菌的主要机制就是产生了6-戊烷基吡喃酮的挥发性抗生素。

除发现这种挥发性物质可以与其他真菌发生抑制作用外，木霉还可以产生水解酶，如β-1,3-葡聚糖酶，它可以诱导植物启动防御反应，导致植物产生与抗病性有关的酚类化合物（Mauch et al.，1988）。木霉菌产生的蛋白酶能使植物细胞壁的病原菌降解，直接抑制病原菌萌发，使病原菌的酶发生钝化，以此阻止侵入植物细胞（Eiad Kapat，1999）。

木霉可以引起植物病原真菌菌丝形态变化，使得菌丝出现枯萎、溶解现象，木霉菌丝还会和植物病原真菌的菌丝相互缠绕，有的会侵入病原菌丝中吸收营养，从而导致寄主死亡，而木霉对食用菌的影响，很少会出现缠绕导致的枯萎和溶解现象，多表现为木霉代谢物对食用菌生长的抑制，是多种因素协同作用对食用菌生长产生的影响（陈荣庚，2008）。

第二章　芽孢杆菌和毛壳菌的筛选

目前，利用生物方法防治病害取得了较大的进展，并呈现多样化的发展趋势，对于部分农作物已成为防治病害的重要手段之一。生防菌筛选方法一直是生物防治研究领域的一个瓶颈，大多研究最常用的是离体平板筛选，即在平板上筛选对病原菌有抑制活性的菌株。常用的生防菌筛选方法为土壤稀释平板法。土壤作为植物生长所必需的基质，对于植物病害的发生发展起着重要作用。

第一节　死谷芽孢杆菌的筛选

为筛选新的防治食用菌木霉病的生防菌菌种资源，采用稀释涂布平板法从食用菌菌袋中分离得到对病菌具有显著抑制作用的拮抗菌，采用平板对峙法研究其对病原菌的广谱抑制效果。

一、试验方法

（一）材料来源

食用菌菌袋中筛选出来的菌株。

参照《伯杰细菌鉴定手册》（R E 布坎南，1984），《常见细菌系统鉴定手册》（东秀珠，蔡妙英，2001）原理，使用细菌微量生化反应管测定。

供试致病木霉菌株由辽宁省微生物科学研究院菌种保藏研究室保存。试验中选用的香菇品种为辽宁省微生物科学研究院培育的“辽香 5-1 号”。已研究表明，该致病菌可对香菇菌丝体的生长形成危害，严重降低香菇产量。

试验仪器为：超净台（苏州净化），摇床（上海知楚），PCR 仪（Eppendort），扫描电镜（蔡司 EV 018）。培养箱 EPQ-400，HZQ-F160A 恒温振荡培养箱，电子天平，高压蒸汽灭菌锅，尺子，培养皿，酒精灯，接种针，接种环，涂布器，移液枪，锡纸，250 mL 的锥形瓶等。

菌株培养基为马铃薯葡萄糖糖培养基（PDB）和 Luria-Bertani 培养基（LB）。

PDA 培养基：200 g 马铃薯，1 000 mL 水，20 g 葡萄糖，20 g 琼脂，pH 值。

LB 培养基：蛋白胨 10 g，NaCl 5 g，牛肉膏 3 g，琼脂 2%，蒸馏水 1 000 mL，pH 值。

（二）试验方法

1. 菌株的分离

用水果刀取长、宽、高各为 2 cm 的正方体料样，在培养基平板取 5 个位置将料样点上，反复灼烧接种环，冷却后，用塑料封口膜将培养皿封口放于恒温培养箱中培养 7 d。从上述涂菌处划出 7~8 条直线，再转向，重复划线，以划满整个平板为宜，倒置平板，于（37±1）℃培养 1~2d，出现单菌落，观察结果。

2. 纯化与保存

在生长出的菌落边缘挑取少量菌落划线斜面培养，进行菌命名，培养至满，于 4 ℃冰箱中保存。

3. 拮抗菌的筛选

采用对峙培养法筛选出对香菇木霉病原菌具有抑制作用的菌株。首先，将木霉在 PDA 平板上 28 ℃培养 5 d，用直径为 5 mm 的打孔器在平板上打取圆形琼脂块，将其接入 PDA 平板中央，28 ℃培养 2 d，然后用灭菌牙签在病原菌菌饼两侧等距离处点接种分离得到的细菌，于培养箱中 28℃ 培养 3 d 后观察记录抑菌圈。每个处理重复 3 次，有抑菌圈的菌株即为拮抗菌。为进一步验证分离的菌株对植物土传病害是否具有广谱抑菌效果，选取了如表 1 所示的另外 6 种常见的植物病原真菌进行进一步的抑菌试验。

二、结果与分析

通过平板对峙法对分离的细菌进行筛选，得到 1 株对木霉病菌具有明显拮抗活性的菌株，将其命名为 B10。对菌株 B10 进行抗菌谱测定，发现菌株 B10 对油菜菌核病菌、黄瓜立枯病菌和草莓灰霉病菌具有非常强烈的抑制效果，且菌株 B10 对香菇菌核病菌、平菇赤霉病菌、平菇立枯病菌、杏鲍菇枯萎病菌、香菇木霉病菌、白灵菇青霉病菌、金针菇灰霉病菌、球盖菇绿霉病菌、金针菇链孢病菌表现出很强的抑制作用。由此可见，菌株 B10 在离体平板试验条件下对食用菌病原菌具有广谱的抑菌效果（表 2-1）。

表 2-1　拮抗菌 B10 对 9 种病原菌的抑菌效果

病原菌	抑菌带（mm）	抑菌率（%）
香菇菌核病菌	+++	88.72
平菇赤霉病菌	++	73.66
平菇立枯病菌	++	83.22
杏鲍菇枯萎病菌	+++	75.43
香菇木霉病菌	++	91.00
白灵菇青霉病菌	++	66.22
金针菇灰霉病菌	+++	90.21
球盖菇绿霉病菌	+++	86.43
金针菇链孢病菌	++	77.54

三、小结

传统的生物防治是引入一个新生物来控制食用菌有害生物，但是多数难以取得成功，这是因为一个新物种的进入必然涉及未知的风险。本研究筛选出防治木霉的菌株 B10，作为很好生防菌的候选内生菌株。食用菌内生细菌能够促进生长、增加作物的产量，还能提高植株抗病能力，对生物本身而言也不是一个外来物种，不存在上述潜在的危害，因此作为生防细菌具有巨大的防病潜力和重要的应用价值。国内外关于生物内生细菌防治植物病害报道很多。

第二节　林下参内生真菌 SF-01 的筛选

一、材料与方法

（一）材料

1. 供试林下参叶片

2018 年 7 月，于吉林省抚松县林下参种植地，根据 5 点取样法，采集 15 年生健康植株的叶片，装入自封袋带回实验室，4℃保存备用。

2. 供试病原菌

人参黑斑病菌（*Alternaria panax*）、人参锈腐病菌（*Cylindrocarpon destructans*）、人参立枯病菌（*Rhizoctonia solani*）、人参根腐病菌（*Fusarium solani*）、人参灰霉病菌（*Botrytis cinerea*）、人参菌核病菌（*Sclerotinia schinseng*）、人参疫病菌（*Phytophthora cactorum*）均由吉林农业大学植物病理实验室提供。

3. 培养基

基础发酵PD培养基：葡萄糖20.0 g，蛋白胨10.0 g，氯化钠5.0 g，碳酸钙1.0 g，调节pH值7.0，蒸馏水定容至1 L（方翔等，2018）。

（二）林下参内生真菌的分离纯化

采用组织分离培养法（方中达等，2001），分离林下参叶片内生真菌：将采集的健康林下参叶片用自来水冲洗，除去表面的泥土，置于无菌操作台上，进行表面消毒处理。无菌水换洗3次，75%乙醇浸2 min。无菌水换洗3次，0.1%升汞浸1.5 min。无菌水换洗3次，用无菌刀片将叶片剪成长0.5 cm×0.5 cm小方块，用无菌镊子将叶片移至PDA平板上，每个培养皿放置5块，于25℃恒温培养箱中培养，逐日观察。待长出真菌菌丝时，挑取菌落边缘菌丝接入新的PDA培养基上，进行纯化培养。吸取5 mL最后一次换洗的无菌水，涂在PDA培养基上，验证消毒是否彻底。

（三）皿内拮抗抑菌试验

采用平板对峙法筛选内生拮抗真菌。将活化的林下参内生真菌和人参病原菌用5 mm无菌打孔器打成菌饼，用灭菌针将内生真菌和人参病原菌接种到同一PDA平板上，2种菌相距3 cm，以只接种人参病原菌的PDA平板为对照。每个处理重复3次，于25℃恒温培养箱中培养，7 d后采用“十”字交叉法测量人参病原菌菌落直径，计算林下参内生真菌对人参病原菌的抑菌率（周春元等，2019）。

抑菌率=（对照人参病原菌菌落直径-对峙培养人参病原菌菌落直径）/对照人参病原菌菌落直径×100%

（四）SF-01菌株发酵液抑菌试验

1. 发酵液的制备

将保存的SF-01菌株在PDA平板上活化7 d后，在无菌的条件下，用5 mm

打孔器打取 10 个菌饼，转接到装有 100 mL PD 液体培养基的 250 mL 锥形瓶中，于黑暗条件下 25℃、120 r/min 转速恒温摇床上振荡培养 7 d。无菌条件下，将培养的菌液经灭菌的双层纱布过滤除去菌丝，滤液经 5 000 r/min离心 15 min 去除沉淀，上清液经孔径为 0. 22 μm 的细菌过滤器过滤得到 SF-01 菌株无菌发酵液，置于冰箱（4℃）中保存备用（宋勇等，2018）。

2. 发酵液对人参病原菌菌丝生长的抑制作用

吸取 2 mL 制备好的发酵液，加至 45℃ 的 PDA 培养基中，混匀。以加入 2 mL 无菌水的平板作对照，将人参病原菌菌饼接种于平板中央，置于 25℃ 恒温培养箱中培养。培养 7 d 后采用十字交叉法测量菌落生长直径，计算 SF-01 菌株对人参病原菌的抑菌率。

二、结果与分析

林下参内生拮抗菌的分离筛选如下。

从表 2-2 可以看出，SF-01 菌株与人参病原菌对峙培养 7 d 时，对供试的 7 株病原菌均有不同程度的抑制作用，其中对人参黑斑病菌抑制效果最好，抑菌率为 35. 83%；从表 2-3 可以看出，SF-01 菌株发酵液对 7 株病原菌也表现出较好的抑菌效果，在对峙培养第 7 天时，SF-01 菌株发酵液对人参黑斑病菌的抑菌效果最好，为 49. 04%。

表 2-2　SF-01 菌株对人参病原菌菌丝生长的抑制作用

人参病原菌	抑菌率（%）
人参黑斑病菌（*Alternaria panax*）	35. 83
人参锈腐病菌（*Cylindrocarpon destructans*）	26. 18
人参立枯病菌（*Rhizoctonia solani*）	24. 37
人参根腐病菌（*Fusarium solani*）	19. 07
人参灰霉病菌（*Botrytis cinerea*）	18. 53

（续表）

人参病原菌	抑菌率（%）
人参菌核病菌（*Sclerotinia schinseng*）	21. 39
人参疫病菌（*Phytophthora cactorum*）	17. 67

表 2-3　SF-01 菌株发酵液对人参病原菌菌丝生长的抑制作用

人参病原菌	抑菌率（%）
人参黑斑病菌（*Alternaria panax*）	49. 04
人参锈腐病菌（*Cylindrocarpon destructans*）	30. 38
人参立枯病菌（*Rhizoctonia solani*）	33. 88
人参根腐病菌（*Fusarium solani*）	29. 22
人参灰霉病菌（*Botrytis cinerea*）	32. 02
人参菌核病菌（*Sclerotinia schinseng*）	36. 83
人参疫病菌（*Phytophthora cactorum*）	58. 47

三、小结

人参黑斑病菌（*Alternaria panax*）、人参锈腐病菌（*Cylindrocarpon destructans*）、人参立枯病菌（*Rhizoctonia solani*）、人参根腐病菌（*Fusarium solani*）、人参灰霉病菌（*Botrytis cinerea*）、人参菌核病菌（*Sclerotinia schinseng*）、人参疫病菌（*Phytophthora cactorum*），SF-01 菌株发酵液对 7 株病原菌也表现出较好的抑菌效果。

第三节　人参黑斑病菌生防内生真菌的分离筛选

人参黑斑病属于传染较为严重的病害，发病率一般在 30%左右，严重的可达到 70%以上，影响人参参根的产量以及种子的收获，造成减产和参籽干瘪，是我国东北及河北等地，流行性很高的一种病害。在参龄达到 3 年以上的参场，也均可受到较为严重的侵害。大量文献表明，对于人参内生真菌的分离部位多为参根以及根际土壤，对于人参黑斑病侵害较为严重的叶片部位的内生真菌的分离，少有报道。

一、材料与方法

供试植物健康的人参叶片采自吉林省集安市人参产区。

供试病原菌人参黑斑病菌为本实验室保存的菌种。

1. 供试培养基

马铃薯葡萄糖琼脂（PDA）培养基：马铃薯 200 g，葡萄糖 20 g 和琼脂粉 20 g，定容至 1 000 mL。

马铃薯葡萄糖（PD）培养基：马铃薯 200 g，葡萄糖 20 g，定容至 1 000 mL。

2. 试剂与仪器

真菌基因组提取试剂盒（北京康为世纪生物科技有限公司）；真菌通用引物 ITS1 和 ITS4 由上海生工科技有限公司合成；DYY-6C 电泳仪（北京六一生物科技有限公司）；美国伯乐 Biorad GelDoc XR 型凝胶成像系统；Nikon TS 倒置相差显微镜（日本尼康公司）。

3. 内生真菌的分离与纯化

内生真菌的分离采用组织分离法（方中达，1998）。先用自来水冲洗采集到的健康人参叶片上的灰尘，再用 75%乙醇消毒 1 min，0.1%升汞消毒 30 s，无菌水冲洗 3 遍，灭菌刀切取 5 mm×5 mm 人参叶片组织，置于 PDA 平板上，于 25℃，12 h 光照条件下培养 15 d，获得的菌株再次在 PDA 平板培养基上纯化，4℃保藏备用。

4. 内生真菌的筛选

采用平板对峙培养法筛选生防真菌。接种分离纯化的直径 5 mm 的内生真菌菌饼和人参黑斑病菌菌饼于 PDA 平板上同一直径的相对位置，设单独培养的人参黑斑病菌为对照，置于25℃，12 h 光照条件下培养7 d，观察对峙培养的菌落生长情况，筛选生防真菌。7 d后采用“十”字交叉法测定单独培养的人参黑斑病菌菌落半径（*Rc*）和对峙培养的趋向半径（*Rp*），并计算抑菌率，分析生防真菌对人参黑斑病菌的抑制效果。

$$抑菌率=（Rc-Rp）/Rc\times 100\%$$

5. 内生真菌发酵液的抑菌特性试验

将筛选出的生防菌在PDA平板上活化，刮取菌组织接入PD培养基中，于25℃，120 r/min振荡培养7 d，培养的菌液经无菌滤膜过滤除去菌丝，得到的发酵液分成2份，1份用高压灭菌锅进行灭菌处理，1份未做任何处理。以人参黑斑病菌为指示菌，采用菌落直径法测定上述发酵液的抑菌特性。采用菌落直径法：将筛选出的灭菌和未灭菌生防菌发酵液分别与冷却至45℃的PDA培养基以1：2的体积比混合，制成含生防菌发酵液的PDA平板，接种直径5 mm的指示菌菌饼于平板中央，置于光照培养箱中于25℃，12 h 光照下培养7 d，对照为不含发酵液的PDA平板。根据对照组和处理组PDA平板上指示菌的菌落直径大小，分别计算灭菌和未灭菌发酵液的抑菌率，每个处理重复3次。

二、结果与分析

1. 内生真菌的拮抗作用

经抑菌试验。由表2-4抑菌率可知，FS-01、HS-02、HS-03、HS-04、HS-05这5种内生真菌对黑斑病有较强的抑菌作用。其中，FS-01、HS-02内生真菌的抑菌率达到70%以上，FS-01的抑菌率最高，为87.5%。FS-01、HS-02为毛壳属真菌。该属真菌，目前应用于生物防治研究上较为广泛，有较高的生物防治研究价值和潜力。

表2-4　人参叶片内生真菌对人参黑斑病病原真菌的拮抗作用（n-3，拮抗试验第7天）

内生真菌	黑斑病病原菌半径（cm）	抑菌率（%）
FS-01	0.97	87.5a

（续表）

内生真菌	黑斑病病原菌半径（cm）	抑菌率（%）
HS-02	0.86	75.7b
HS-03	1.31	55.6c
HS-04	0.81	54.3f
HS-05	1.45	49.2e

注：抑菌率中同列数据后字母不同表示差异显著（$P<0.05$）。

2. 形态特征

菌株 FS-01 在 PDA 培养基上菌落淡黄色，气生菌丝淡黄色（图 2-1），子囊果表生，椭圆形，有孔口子囊孢子褐色，柠檬形，厚壁，两侧平滑，两端突起，有一顶生萌发孔（图 2-2）。与球毛壳菌（*Chaetomium globosum*）的形态特征相符，初步鉴定菌株 FS-01 为球毛壳菌（*C. globosum*）。

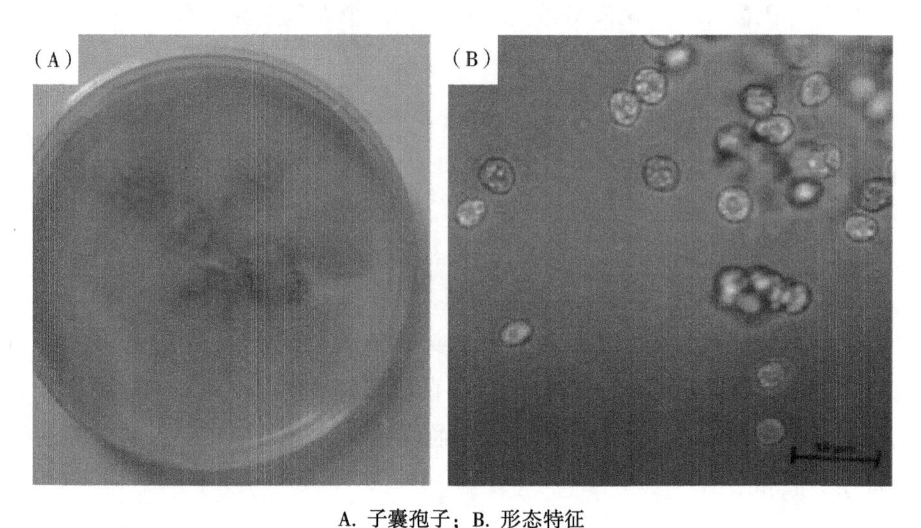

A. 子囊孢子；B. 形态特征

图 2-1 菌株 FS-01 在 PDA 平板上形成的菌落

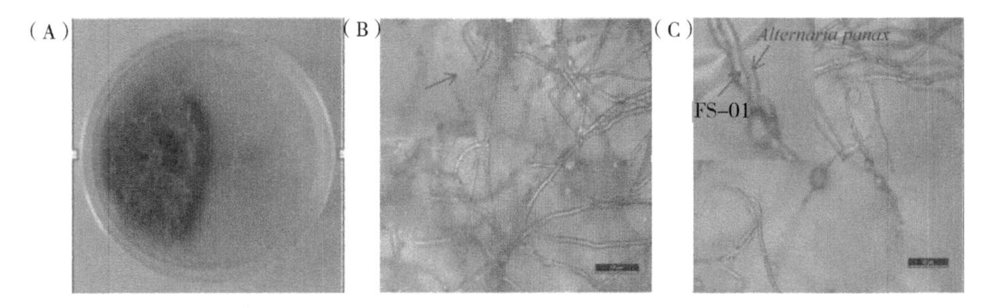

图 2-2　菌株 FS-01 与人参黑斑病菌对峙培养形成的菌落及交界处菌丝生长情况

A. FS-01 菌株与人参黑斑病菌；B. 人参黑斑病菌菌丝出现溶解；C. 人参黑斑病菌菌丝被缠绕。

三、小结

5 种内生真菌 FS-01、HS-02、HS-03、HS-04、HS-05 与人参黑斑病病原真菌的拮抗试验中，由黑斑病病原真菌的生长曲线可以看出，对照组的黑斑病病原真菌生长速度明显高于试验组的生长速度。表明这 5 种内生真菌对黑斑病病原真菌有着明显的拮抗作用，可用于生物防治菌株的研发。

第四节　细辛叶枯病生防细菌的筛选

细辛叶枯病主要为害叶片，也可侵染叶柄和花果。叶片病斑近圆形，直径为 5~18 mm，浅棕褐色，具 6~8 圈同心轮纹，病斑边缘具有红褐色晕圈，发病严重时病斑脱落，叶片枯死。叶柄病斑长梭形，深褐色，凹陷，长 5~25 mm。花果病斑近圆形，黑褐色，可造成花果腐烂，不能结籽。上述病斑上均可产生霉状物，为病原菌分生孢子梗和分生孢子。

一、材料与方法

1. 供试样品

供试病原菌：从辽宁省新宾县细辛种植区叶枯病发病田采集发病叶片，经本实验室分离、鉴定，确定为细辛叶枯病病原菌——槭菌刺孢（*M. acerina*）。

供试土样：从辽宁省新宾县细辛种植区采集细辛健康植株的根际土，采用抖落法（李春俭，2008），取与根系紧密结合、不易抖落的土壤作为根际土。

供试细辛植株：三年生北细辛 *A. heterotropoides* Fr. Schmidt var. *mandshuricum* (Maxim.) Kitag. 植株。

供试培养基：PDA 培养基，NA 培养基，LB 肉汤培养基。

2. 试剂与仪器

细菌通用引物由上海生工科技有限公司合成；DYY-6C 电泳仪（北京六一生物科技有限公司）；美国伯乐 Biorad GelDoc XR 型凝胶成像系统；Nikon TS 倒置相差显微镜（日本尼康公司）。

3. 拮抗细菌的分离与纯化

拮抗细菌菌株的分离采用土壤稀释分离法（方中达，1998）。取土样 10 g，加入装有 90 mL 无菌水的三角瓶中，于 160 r/min 振荡 20 min 混匀制得土壤悬液，将土壤悬液浓度稀释至 1×10^{-4}，1×10^{-5}，1×10^{-6}梯度，分别吸取 100 μL 土壤悬液均匀涂布到 NA 培养基上，每个处理重复 3 次，28℃恒温培养 48 h。根据菌落形态，挑取不同的单菌落划线纯化，然后在 28℃培养 48 h，观察菌落形态，相同的划线纯化方法在进行第 2 次、第 3 次纯化培养，经肉眼观察及显微镜下镜检没有杂菌后，于试管中 4℃保存备用。

二、结果与分析

从土壤样本中共分离出 100 余株细菌，经与叶枯病菌对峙培养，初步筛选出对叶枯病菌具有拮抗作用的菌株共 18 株（表 2-5）。其中，抑制效果较好的菌株为 S2-31、F2-29 菌株，抑菌率分别为（92.47±0.01）%、（91.04±0.01）%，显著高于其余菌株；抑制率在 80%左右的菌株有 5 株；抑制率在 70%左右的菌株有 6 株；其余菌株的抑制率在 65%以下。从抑菌带宽度来看，S2-31，S1-H132 的抑菌带宽较大，达到 17.33mm、14.02 mm，与其余菌株的抑菌带宽具有显著性差异，拮抗效果较好。部分菌株的抑菌带宽度与抑菌率的关系未成正比，因为不同拮抗细菌的菌落生长的速度不同而导致。因此综合考虑抑菌率和抑菌带宽度，初步认为 S2-31 菌株的抑菌效果最好。

表 2-5 不同拮抗细菌抑菌情况统计（$\bar{X}$±s，n=3）

No.	拮抗菌	抑菌带宽（mm）	抑制率（%）
1	S1-H611	2.07±0.86g	68.10±0.11fg
2	S1-H1042	0	55.91±0.01i
3	F2-182	1.71±0.12gh	65.23±0.07g
4	S1-H131	3.03±0.02f	60.97±0.01ef
5	S1-H132	14.02±0.21b	79.57±0.04bc
6	S1-H24	5.02±0.23e	74.55±0.02d
7	F2-73	6.50±0.02d	78.85±0.02bc
8	S2-31	17.33±0.94a	92.47±0.01a
9	S1-H13	1.07±0.12hi	73.84±0.03de
10	F2-71	6.60±0.05d	66.67±0.02g
11	F2-H2	0	60.93±0.02h
12	S2-4	1.25±0.09hi	81.29±0.01b
13	S3-H8	1.33±0.08hi	76.70±0.02cd
14	F2-72	1.15±0.20hi	67.38±0.12g
15	F2-29	5.30±0.16e	91.04±0.01a
16	S2-41	0	55.91±0.01i
17	S1-H741	0.73±0.11i	58.06±0.02hi
18	S1-H133	10.10±0.01c	79.57±1.11bc
19	CK	—	—

注：—，无拮抗现象；不同小写字母表示差异显著（P<0.05）。

三、小结

细辛是我国传统的常用中药材，病害防治应采用生态安全的方法，才能保障临床用药的安全。生物防治具有安全、特异性强、无毒等特点，在药用植物病害防治上具有明显的优势，已成为药用植物病害防治的重要研究领域（邢晓科，2018），但细辛叶枯病的生物防治尚未见报道。本研究筛选出的侧孢短芽孢杆菌对细辛叶枯病具有较好防治效果，其作为最具生防潜力的菌株之一，发挥生物防治作用的同时还能起到促进植株的生长的作用（Zhang et al.，2001），有巨大的应用价值和研究前景，已成为当前研究的热点。

第三章　芽孢杆菌和毛壳菌的鉴定

第一节　死谷芽孢杆菌的鉴定

一、试验材料与方法

（一）材料

食用菌菌袋中筛选出来的菌株 B10。

B10 生理生化实验参照《伯杰细菌鉴定手册》（R E 布坎南，1984），《常见细菌系统鉴定手册》（东秀珠，蔡妙英，2001）原理，使用细菌微量生化反应管测定。

培养基：蛋白胨 10 g，NaCl 5 g，牛肉膏 3 g，琼脂 2%，蒸馏水 1 000 mL，pH 自然。

方法：取一点菌苔，在营养琼脂培养基平板一侧边缘处，反复涂抹直径约为 1 cm 大小的面积，灼烧接种环，冷却后，从上述涂菌处划出 7～8 条直线，再转向，重复划线，以划满整个平板为宜，倒置平板，于（37±1）℃培养 1～2 d，出现单菌落，观察结果。

（二）分子鉴定方法

1. 基因组 DNA 的提取

采用 UNIQ-10 柱式细菌基因组 DNA 抽提试剂盒。

（1）接一环斜面活化的菌株于 50 mL LB 培养基中，32℃振荡培养 24 h 后，转移至 Eppendorf 管中，以 12 000 r/min离心 5 min，去上清液，沉淀用 180 μL 溶菌酶溶液（20 mM Tris-HCl pH 值 8.0，2.5 mM EDTA，1% Triton X-100）重悬菌液，37℃水浴 30 min。

（2）加入 20 μL 蛋白酶 K 溶液（10 mg/mL），充分颠倒混匀，56℃水浴 30 min至细胞完全裂解。（可选：加入 4 μL 的 100 mg/mL Rnase A）

（3）加入 200 μL BD 溶液，充分颠倒混匀，70℃水浴 10 min。

（4）加入 200 μL 无水乙醇，充分颠倒混匀，溶液和乙醇需充分混匀，否则会影响 DNA 得率。

（5）将吸附柱放入收集管中，用移液器将溶液和半透明纤维状悬浮物全部加入吸附柱中，静置 2 min，再 12 000 r/min室温离心 3 min，倒掉滤液。

（6）向吸附柱中加入 500 μL PW 溶液，10 000 r/min室温离心 1 min，倒掉滤液。

（7）向吸附柱中加入 500 μL Wash buffer 漂洗液，10 000 r/min 室温离心 1 min，倒掉滤液。

（8）将吸附柱重新放回收集管中，于 12 000 r/min，室温离心 2 min，离去残留的 Wash buffer 漂洗液。

（9）取出吸附柱，放入一个新的 1.5 mL 离心管中，加入 50 μL 预热（60℃）的 Elution buffer 洗脱液（2 mM Tris-HCl，pH 值 8.5），静置 3 min，10 000 r/min室温离心 1 min，收集 DNA 溶液。提取的基因组 DNA 可立即进行下游分子实验或-20℃保存。

2. 基因间隔序列（16 S rDNA）基因 PCR 扩增

采用细菌 16 S rDNA 扩增的通用引物：

27f（5′AGAGTTTGATCCTGGCTCAG 3′）20 bp

1492r（5′GGTTACCTTGTTACGACTT 3′）19 bp

PCR 反应体系（50 μL）:

细菌 DNA　　　　　　　　　10 pmol

Primer up（10 μM）：1 μL;

Primer down（10 μM）：1 μL;

dNTPs mix（10 mM each）：1 μL;

10×*Taq* reaction Buffer：5μL;

Taq（5 μ/μL）：0.25 μL;

加水至：50 μL。

反应条件：预变性 98℃ 5 min；95℃ 35 s，55℃ 35 s，72℃ 1 min 30 s，35 个循环；72℃延伸 8 min；4℃保存。

3. 琼脂糖凝胶电泳检测基因组 DNA

1.0%琼脂糖凝胶（含 EB）;

0.5%TBE 电泳缓冲液;

样品混合液：DNA 样品 5 μL +10×loading buffer 1 μL;

稳压：80 V;

电泳时间：50 min;

保存：4℃或-20℃保存备用。

4. PCR 产物测序及菌株鉴定

PCR 产物由生工生物工程（上海）有限公司完成测序，得到的序列运用 Genbank 的序列局部相似性查询系统（BLAST）。在 GenBank 的序列数据库中搜索与供试菌株 16 S rDNA 序列相似的序列，运用 Clustal X 软件进行多重序列匹配排列（Multiple Alignments）分析，形成一个多重序列匹配排列阵后进行手工校正。利用 MEGA 5 的 Maximum Likelihood 进行系统发育树的构建。系统发育树分析对于由序列长度多态性所造成的空位（gap），在运算中处理为缺失（missing）状态。利用 bootstrap（1 000次重复）检验各分支的置信度。序列间进化距离根据 Kimura 2-parameter model 参数遗传距离模型用分子进化遗传分析软件（MEGA 5）计算。

二、结果与分析

（一）菌落形态特征

菌株形态观察：菌落圆形，边缘粗糙，表面隆起、褶皱，乳黄色，菌落不透明，好氧，化能异养，菌体呈杆状，革兰氏染色阳性，如图 3-1 所示。

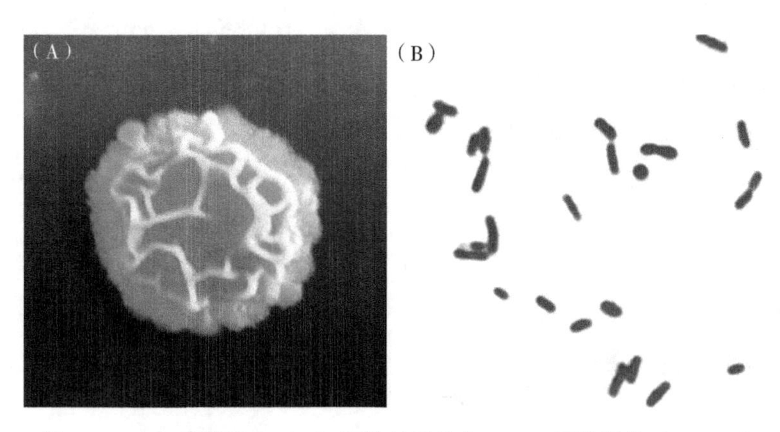

图 3-1　B10 菌落形态（A）和革兰氏染色（B）显微照片（1 000×）

（二）基因组提取

将菌株 B10 的基因组提取出，利用细菌通用引物，采用 PCR 的方法扩增出 rDNA 的 16 S rDNA 片段，见图 3-2。菌株 B10 序列测定片段长度为 1 420 bp，序列提交 GenBank，登录号为：JN112317。比对结果显示，该菌株序列与芽孢杆菌属同源性最高，相似性大于 99%，利用 MEGA 5 的 Maximum Likelihood 进行系统发育树的构建，如图 3-3 所示。与 *Bacillus vallismortis* strain EA6-11 遗传距离最近，置信度为 90，结合生理生化实验和 16S rDNA 分子鉴定，确定为死谷芽孢杆菌（*Bacillus vallismortis*）。

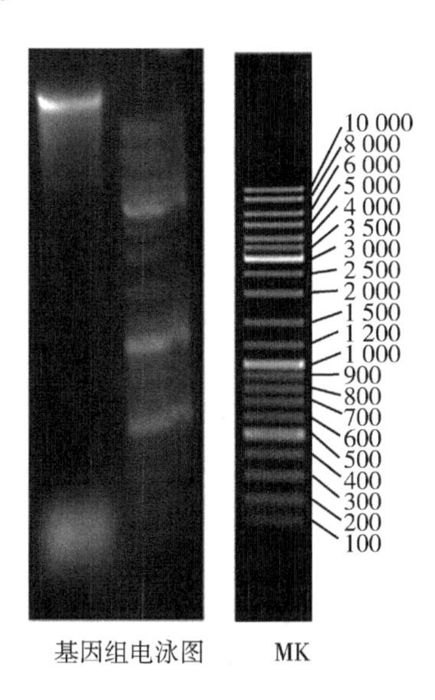

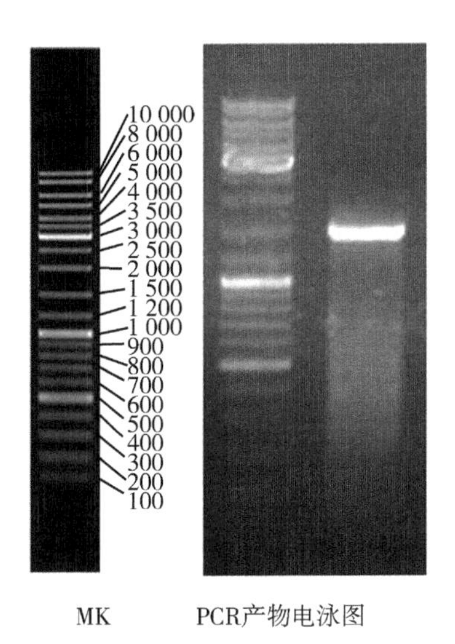

图 3-2　基因组和 PCR 产物电泳

（三）分子生物学同源性分析

LOCUS JN112317 1420 bp DNA linear BCT 29-AUG-2011

DEFINITION Bacillus vallismortis strain B10 16S ribosomal RNA gene, partial sequence.

ACCESSION JN112317 VERSION JN112317

KEYWORDS

SOURCE Bacillus vallismortis

ORGANISM Bacillus vallismortis

Bacteria; Firmicutes; Bacillales; Bacillaceae; Bacillus.

REFERENCE 1 (bases 1 to 1420)

AUTHORS Hao, J., Li. L., Chen, F., Li, Y., and Sun, L.

TITLE Identification of B10 and studies on the antagonism of Trichoderma spp.

JOURNAL Unpublished

REFERENCE 2 (bases 1 to 1420)

AUTHORS Hao, J., Li. L., Chen, F., Li, Y., and Sun, L.

TITLE Direct Submission

JOURNAL Submitted (13-JUN-2011) Research Lab, Liaoning Scientific Academy of Microbiology, Longshan Rd. No. 820, Chaoyang, Liaoning 122000, China

FEATURES Location/Qualifiers

source 1..1420

/organism=" Bacillus vallismortis"

/mol_ type=" genomic DNA"

/strain=" B10"

/db_ xref=" taxon: 72361"

/PCR_ primers=" fwd_ name: 27f, fwd_ seq: agagtttgatcctggctcag, rev_ name: 1492r, rev_ seq: ggttaccttgttacgactt"

rRNA　　<1. . >1420　　/product=" 16S ribosomal RNA"

ORIGIN:

1 TAATGCAGTC GAGCGGACAG ATGGGAGCTT GCTCCCTGAT GTTAGCGGCG GACGGGTGAG
61 TAACACGTGG GTAACCTGCC TGTAAGACTG GGATAACTCC GGGAAACCGG GGCTAATACC
121 GGATGGTTGT TTGAACCGCA TGGTTCAGAC ATAAAAGGTG GCTTCGGCTA CCACTTACAG
181 ATGGACCCGC GGCGCATTAG CTAGTTGGTG AGGTAACGGC TCACCAAGGC GACGATGCGT
241 AGCCGACCTG AGAGGGTGAT CGGCCACACT GGGACTGAGA CACGGCCCAG ACTCCTACGG
301 GAGGCAGCAG TAGGGAATCT TCCGCAATGG ACGAAAGTCT GACGGAGCAA CGCCGCGTGA
361 GTGATGAAGG TTTTCGGATC GTAAAGCTCT GTTGTTAGGG AAGAACAAGT GCCGTTCAAA
421 TAGGGCGGCA CCTTGACGGT ACCTAACCAG AAAGCCACGG CTAACTACGT GCCAGCAGCC
481 GCGGTAATAC GTAGGTGGCA AGCGTTGTCC GGAATTATTG GGCGTAAAGG GCTCGCAGGC
541 GGTTTCTTAA GTCTGATGTG AAAGCCCCCG GCTCAACCCG GGGAGGGTCA TTGGAAACTG
601 GGGAACTTGA GTGCAGAAGA GGAGAGTGGA ATTCCACGTG TAGCGGTGAA ATGCGTAGAG
661 ATGTGGAGGA ACACCAGTGG CGAAGGCGAC TCTCTGGTCT GTAACTGACG CTGAGGAGCG
721 AAAGCGTGGG GAGCGAACAG GATTAGATAC CCTGGTAGTC CACGCCGTAA ACGATGAGTG
781 CTAAGTGTTA GGGGGTTTCC GCCCCTTAGT GCTGCAGCTA ACGCATTAAG CACTCCGCCT
841 GGGGAGTACG GTCGCAAGAC TGAAACTCAA AGGAATTGAC GGGGGCCCGC ACAAGCGGTG
901 GAGCATGTGG TTTAATTCGA AGCAACGCGA AGAACCTTAC CAGGTCTTGA CATCCTCTGA
961 CAATCCTAGA GATAGGACGT CCCCTTCGGG GGCAGAGTGA CAGGTGGTGC ATGGTTGTCG
1021 TCAGCTCGTG TCGTGAGATG TTGGGTTAAG TCCCGCAACG AGCGCAACCC TTGATCTTAG
1081 TTGCCAGCAT TCAGTTGGGC ACTCTAAGGT GACTGCCGGT GACAAACCGG AGGAAGGTGG
1141 GGATGACGTC AAATCATCAT GCCCCTTATG ACCTGGGCTA CACACGTGCT ACAATGGACA
1201 GAACAAAGGG CAGCGAAACC GCGAGGTTAA GCCAATCCCA CAAATCTGTT CTCAGTTCGG
1261 ATCGCAGTCT GCAACTCGAC TGCGTGAAGC TGGAATCGCT AGTAATCGCG GATCAGCATG
1321 CCGCGGTGAA TACGTTCCCG GGCCTTGTAC ACACCGCCCG TCACACCACG AGAGTTTGTA
1381 ACACCCGAAG TCGGTGAGGT AACCTTTATG GAGCCAGCCG

三、小结

芽孢杆菌是一个多样性十分丰富的微生物类群，分布广泛，其抑制植物病原

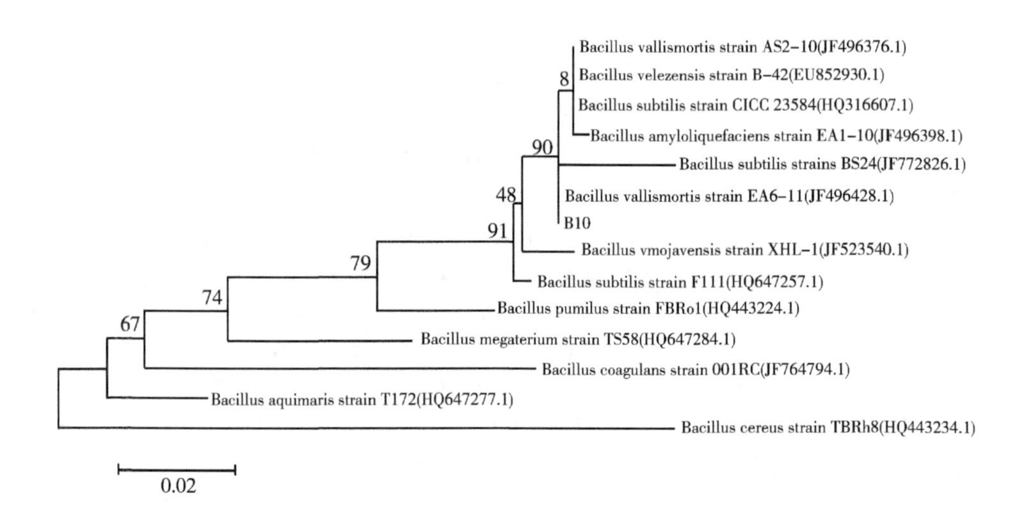

图 3-3　以 16S rDNA 序列同源性为基础的系统发育树

菌的范围很广，包括根部、叶部、枝干、花部和收获后果实等多种病害，是一种理想的生防微生物。芽孢杆菌（*Bacillus*）是一类好氧型、内生抗逆孢子的杆状细菌，广泛存在于土壤、湖泊、海洋和动植物的体表，自身没有致病性，能产生多种外分泌蛋白。在生长条件不适宜时，芽孢杆菌停止生长，同时加快代谢作用，产生多种大分子的水解酶和抗生素，并诱导自身的能动性和趋化性，从而恢复生长。在极端的条件下，还可以诱导产生抗逆性很强的内源孢子。正是由于枯草芽孢杆菌无致病性，并可以分泌多种酶和抗生素，而且还具有良好的发酵培养基础，所以用途十分广泛。

本试验所用的菌株，菌株形态呈圆形，边缘粗糙，表面隆起、褶皱，乳黄色，菌落不透明，好氧，化能异养，菌体呈杆状，革兰氏染色阳性，经过生理生化实验和 16S rDNA 分子鉴定，确定该菌株为死谷芽孢杆菌。芽孢杆菌是较复杂的一个类群，除了较早定的 *Bacillus subtilis*、*B. amyloliquefaciens*、*B. licheniformis*、*B. pumilus*、*B. atrophaeus* 5 个种外，陆续分化出 *B. vallismortis*、*B. mojavensis*、*B. tequilensis* 等新种（曹凤明等，2008）。死谷芽孢杆菌（*B. vallismortis*），在应用中还较少利用。

第二节　林下参内生真菌 SF-01 的鉴定

一、材料与方法

（一）材料

1. 供试林下参叶片

2018 年 7 月，于吉林省抚松县林下参种植地，根据 5 点取样法，采集 15 年生健康植株的叶片，装入自封袋带回实验室，4℃保存备用。

2. 供试病原菌

人参黑斑病菌（*Alternaria panax*）、人参锈腐病菌（*Cylindrocarpon destructans*）、人参立枯病菌（*Rhizoctonia solani*）、人参根腐病菌（*Fusarium solani*）、人参灰霉病菌（*Botrytis cinerea*）、人参菌核病菌（*Sclerotinia schinseng*）、人参疫病菌（*Phytophthora cactorum*）均由吉林农业大学植物病理实验室提供。

3. 培养基

基础发酵 PD 培养基：葡萄糖 20.0 g，蛋白胨 10.0 g，氯化钠 5.0 g，碳酸钙 1.0 g，调节 pH 值 7.0，蒸馏水定容至 1 L（方翔等，2018）。

（二）方法

1. 形态学鉴定

将林下参内生真菌接种于 PDA 平板上，采用插玻片法将无菌盖玻片以 45°角插入培养基中，置于 25℃恒温培养箱中培养 7 d 后，在显微镜下观察病原菌形态特征。

2. 分子生物学鉴定

利用 DNA 试剂盒提取林下参内生真菌基因组，对 rDNA-ITS 区域进行 PCR

扩增，真菌通用引物 ITS1（5′-TCC GTA GGT GAA CCT GCG G-3′）和 ITS4（5′-TCC TCC GCT TAT TGA TAT GC-3′），均由生工生物工程（上海）股份有限公司合成。PCR 反应体系（25 μL）：10×PCR 缓冲液 2.5 μL，上、下游引物各 1.0 μL，2.5 mmol/L dNTP 2.0 μL、5 U/μL 的 *Taq* 酶 0.1 μL，DNA 模板为 1.0 μL，最后加双蒸水补足至 25 μL。PCR 扩增条件：95℃ 预变性 3 min；95℃ 变性 40 s，53℃退火 35 s，72℃延伸 30 s，共 35 个循环；最后 72℃延伸 10 min。

PCR 产物纯化和测序由生工生物工程（上海）股份有限公司完成。利用 BLAST 软件将测序结果在 NCBI 数据库中进行查找，应用 Clustal 软件进行 ITS 序列比对，最后用 MEGA 7.0 软件以邻接法构建系统发育树。

二、结果与分析

（一）形态学鉴定

将筛选出的拮抗 SF-01 菌株接种至 PDA 培养基中，培养 5 d 后，菌落呈淡黄色，边缘不规则形（图 3-4A）。培养 10 d 左右，有子囊果长出，子囊果椭圆形，子囊孢子褐色，柠檬形，两端突起，顶端具有萌发孔（图 3-4B）。

（二）分子生物学鉴定

SF-01 菌株的 18S rDNA 测序得到 571 bp DNA 序列，将得到的序列与 NCBI 数据库 Blast 比对。结果显示，SF-01 菌株与登录号为 KX421415.1 的球毛壳菌（*Chaetomium globosum*）亲缘关系最近，处于系统发育树的同一分枝上（图 3-5）。结合 SF-01 菌株在 PDA 平板上的形态学特征，以及基于 18S rDNA 序列的系统发育分析结果，鉴定 SF-01 菌株为球毛壳菌（*C. globosum*），命名为 *C. globosum* SF-01。

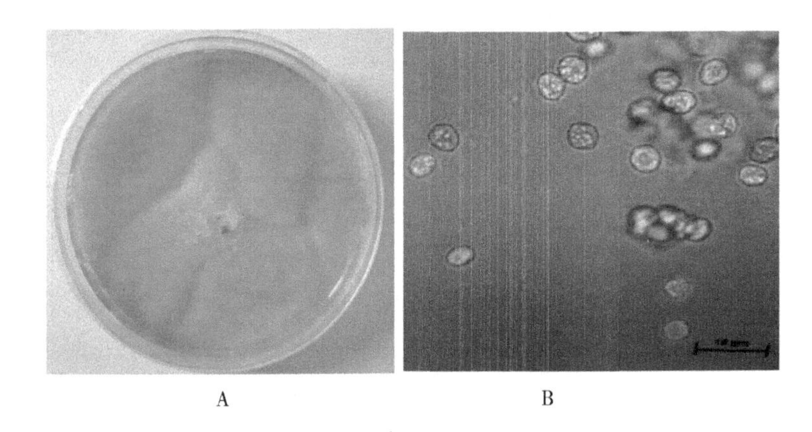

图 3-4 SF-01 菌株形态学特征

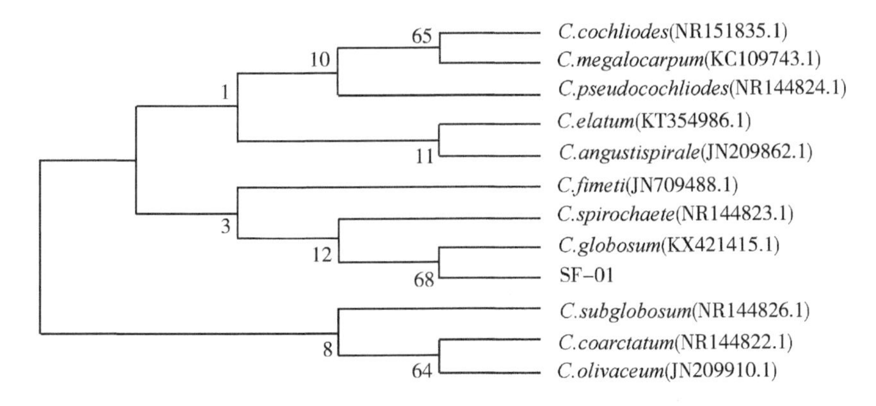

图 3-5 SF-01 菌株基于 18S rDNA 的系统发育树

三、小结

本研究从健康林下参叶片中筛选出 1 株内生拮抗真菌 SF-01 菌株，经鉴定为球毛壳菌（*Chaetomium globosum*）。

球毛壳菌隶属于子囊菌亚门、毛壳菌科、毛壳属真菌，广泛分布于空气、土壤等多种自然环境中，也是常见的植物内生真菌。该属能产生生物活性的次级代谢产物（FATIMA N 等，2016），如球毛壳素类、鞘氨醇、嗜氮酮类等，具有促生、抑菌、抗病毒等生物活性（徐国波等，2018）。球毛壳菌是毛壳属中的重要菌群，存在于各种植物体内，对植物病害起潜在的生防作用。LAN 等（2011）从油菜幼苗中分离出的球毛壳菌对 4 种油菜病原菌有不同程度的抑制作用；岳会敏等（2009）发现，球毛壳菌对 5 种植物病原菌有明显的抑制作用，主要是通过竞争作用、重寄生作用抑制病原菌生长；印容等（2016）研究表明，内生真菌球毛壳菌产生的鞘氨醇次生代谢产物对油菜根肿病具有很好的生防作用。本研究从健康林下参叶片中分离获得的球毛壳菌 SF-01 菌株，对 7 种人参病原菌有抑制作用，尤其对人参黑斑病菌抑制效果最强，因此，该内生真菌可作为人参病害的生防菌。

第三节　人参黑斑病菌生防内生真菌的鉴定

一、材料与方法

（一）材料

供试植物健康的人参叶片采自吉林省集安市人参产区。

供试病原菌人参黑斑病菌为本实验室保存的菌种。

1. 供试培养基

马铃薯葡萄糖琼脂（PDA）培养基：马铃薯 200 g，葡萄糖 20 g 和琼脂粉 20 g，定容至 1 000 mL。

马铃薯葡萄糖（PD）培养基：马铃薯 200 g，葡萄糖 20 g，定容至 1 000 mL。

2. 试剂与仪器

真菌基因组提取试剂盒，北京康为世纪生物科技有限公司；真菌通用引物

ITS1 和 ITS4 由生工生物工程（上海）股份有限公司合成；DYY-6C 电泳仪（北京六一生物科技有限公司）；美国伯乐 Biorad GelDoc XR 型凝胶成像系统；Nikon TS 倒置相差显微镜（日本尼康公司）。

（二）方法

内生真菌形态鉴定如下。

采用载玻片插入法，将菌丝快接种于固体平板的中间，用小镊子夹起一块无菌的盖玻片，以 45°倾斜插入培养基中，不要插入培养基太深，置于光照培养箱中于 25℃，12 h 光照下培养，待菌丝爬上盖玻片后，再用小镊子将盖玻片取出，染色，在显微镜下观察内生真菌孢子囊及子囊孢子。

二、结果与分析

（一）内生真菌形态特征

菌株 FS-01 在 PDA 培养基上菌落淡黄色，气生菌丝淡黄色（图 3-6A），子囊果表生，椭圆形，有孔口子囊孢子褐色，柠檬形，厚壁，两侧平滑，两端突起，有一顶生萌发孔（图 3-6B）。与球毛壳菌（*Chaetomium globosum*）的形态特征相符，初步鉴定菌株 FS-01 为球毛壳菌 *C. globosum*。对峙培养生长情况见图 3-7。

（二）内生真菌分子生物学鉴定

PDA 平板活化筛选出的生防内生真菌，待菌落长满整个培养皿后，用灭菌刀片刮取菌组织，利用真菌基因组提取试剂盒提取 DNA，采用真菌通用引物

ITS1（5′-TCC GTA GGT GAA CCT GCG G-3′）和 ITS4（5′-TCC GCT TAT TGA TAT GC-3′）对提取的 DNA 进行 PCR 扩增。由上海生物科技工程有限公司测序，测序结果用 BLAST 软件与 GenBank 数据库。

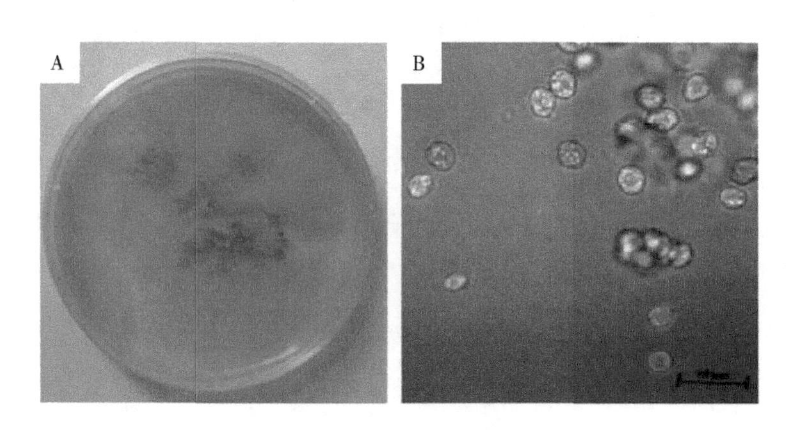

A. 子囊孢子；B. 形态特征。

图 3-6　菌株 FS-01 在 PDA 平板上形成的菌落

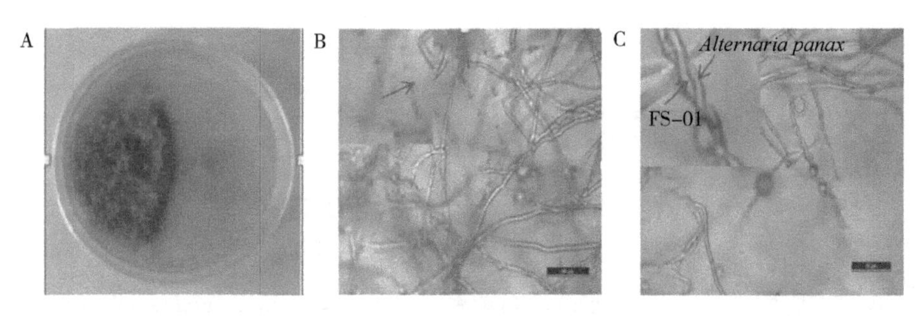

A. FS-01 菌株与人参黑斑病菌；B. 人参黑斑病菌菌丝出现溶解；C. 人参黑斑病菌菌丝被缠绕。

图 3-7　菌株 FS-01 与人参黑斑病菌对峙培养形成的菌落及交界处菌丝生长情况

利用真菌通用引物 ITS1 /ITS4 对菌株 FS-01 基因组 DNA 进行扩增，扩增产物长度为 571 bp，与 GenBank 数据库同源性比较发现，菌株 FS-01 与真菌中的毛壳菌属（*Chaetomi Chaetomium*）的 ITS 序列有 99% 以上的同源性。系统发育树分析表明，菌株 FS-01 与 *C. globosum*（KX421415. 1）亲缘关系最近（图 3-8）。

结合菌株 FS-01 在 PDA 平板上的培养性状及形态学特征，鉴定菌株 FS-01 为球毛壳菌（*C. globosum*）。

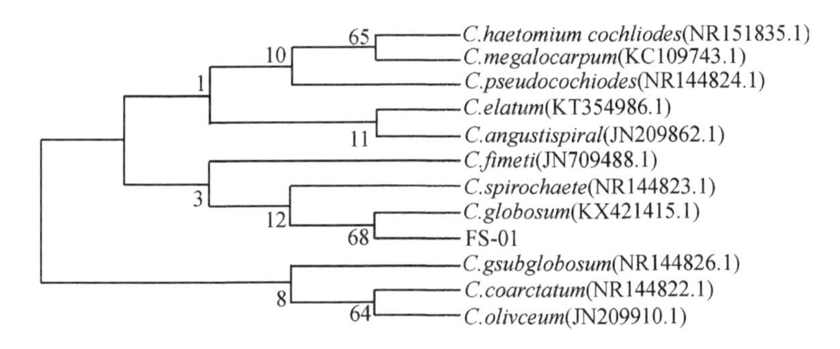

图 3-8　FS-01 菌株和相关菌株的系统发育树

三、小结

毛壳菌隶属于子囊菌门核菌纲粪壳目毛壳菌科毛壳菌属（Kirk，et al.，2008）。研究发现，毛壳菌具有产生抑菌物质的能力（Soytong et al.，2001）。球毛壳菌是毛壳菌中研究最早的生防菌（Martin Moore，1995），对尖孢镰刀菌（*Fusarium oxysporum*）、腐霉菌（*Pythium*）、苹果黑星病菌（*Venturia inaequalis*）等多种植物病原菌具有显著的抑制作用（Walther，Gindrat，1988；Pietro et al.，1992；Christian，John，1983）。本研究从人参叶片中获得的内生真菌菌株 FS-01 对人参黑斑病菌具有较好的抑制作用。结合形态学特征及 ITS 序列分析，根据已报道的各种毛壳菌的形态描述特征（Sun，et al.，2004），鉴定菌株 FS-01 为毛壳菌属（*Chaetomium*）中的球毛壳菌（*C. globosum*）。目前，对于药用植物人参病害的防治通常都是用化学农药，这样对药材的安全造成了威胁。内生真菌生活在健康植物组织内却并不对植物造成明显的伤害，因此，从内生真菌中寻找潜在的生防内生真菌是药用植物病害生物防治的重要研发领域（邢晓科，2018）。

第四节 细辛叶枯病生防细菌的鉴定

一、材料与方法

1. 供试样品

供试病原菌：从辽宁省新宾县细辛种植区叶枯病发病田采集发病叶片，经本实验室分离、鉴定，确定为细辛叶枯病病原菌——槭菌刺孢（*M. acerina*）。

供试土样：从辽宁省新宾县细辛种植区采集细辛健康植株的根际土，采用抖落法（李春俭，2008），取与根系紧密结合，不易抖落的土壤作为根际土。

供试细辛植株：三年生北细辛 *A. heterotropoides* Fr. Schmidt var. *mandshuricum*（Maxim.） Kitag. 植株。

供试培养基：PDA 培养基，NA 培养基，LB 肉汤培养基。

2. 试剂与仪器

细菌通用引物由上海生工科技有限公司合成；DYY-6C 电泳仪（北京六一生物科技有限公司）；美国伯乐 BioBioradGelDocXR 型凝胶成像系统；Nikon TS 倒置相差显微镜（日本尼康公司）。

3. 拮抗菌株的鉴定

对筛选出的拮抗菌株 S2-31，采用形态学和分子生物学鉴定相结合的方法进行菌种鉴定。形态学初步鉴定参考《常见细菌系统鉴定手册》（东秀珠，蔡妙英，2001）进行；分子生物学鉴定利用 16 S rDNA 序列分析的方法，利用细菌通用引物（F：5′-GAG AGT TTG ATC CTG GCT CAG-3′，R：5′-CGG CTA CCT TGT TAC GAC TT-3′）对提取的细菌 DNA 进行 16 S rDNA 的 PCR 扩增（周泠璇，刘娅，2016），扩增产物由测序公司进行测序。测序结果登录 NCBI 网站进行 Blast 序列比对，获得近源物种的信息，利用 MEGA 6.05 软件 maxium parsimony method 法构建系统发育树（Tamura，et al.，

2011)，确定分类地位。

二、结果与分析

1. 形态学特征

经肉眼观察，S2-31 菌落在固体培养基上呈现黄白色，圆形 0.5~1 mm，中央凸起，易于挑起。显微镜下观察，该菌呈杆状，大小（0.5~1）μm×（2~5）μm，芽孢椭圆形（图 3-9）；革兰染色可变，延迟期为阴性，对数生长期转为阳性，静止期又转为阴性（图 3-10）。

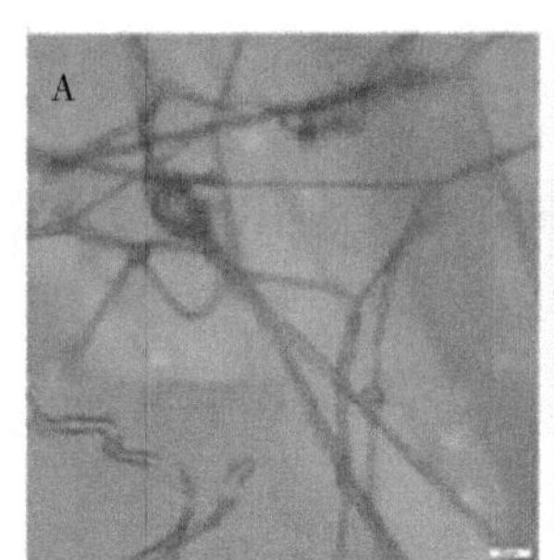

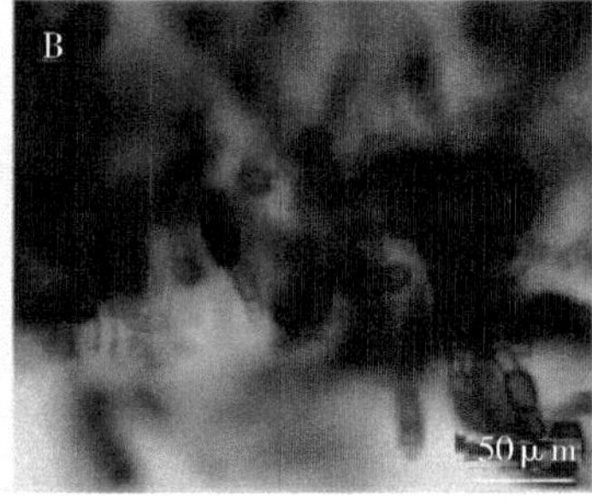

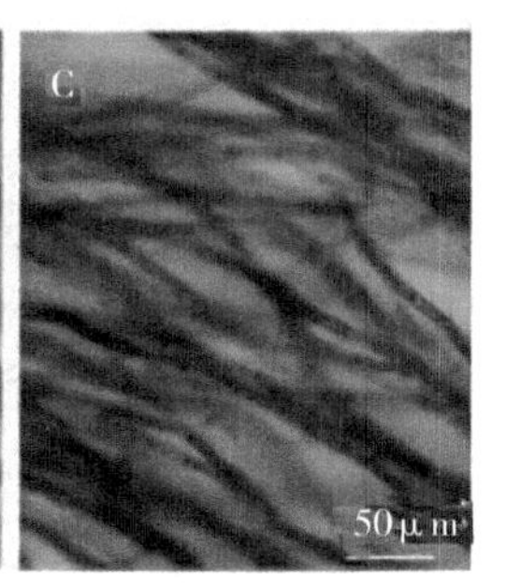

A. S2-31 处理后的叶枯病菌丝；B. S2-31 处理后边缘菌丝形成的厚垣孢子；C. 正常生长的叶枯病菌丝形态。

图 3-9　S2-31 处理后叶枯病菌的菌丝形态

2. 拮抗菌 S2-31

系统发育分析经细菌通用引物扩增后，得到 1 条约1 509 bp的片段，将测序结果在 GenBank 上进行 Blast 比对，选取相似率>99%的序列采用 maxium parsimony method 法进行系统发育树构建（图 3-11），S2-31 菌株与 *B. laterosporus*（NR037005.1）的相似性最高。结合形态学特征分析，将拮抗菌 S2-31 菌株初步鉴定为侧孢短芽孢杆菌（*B. laterosporus*）。

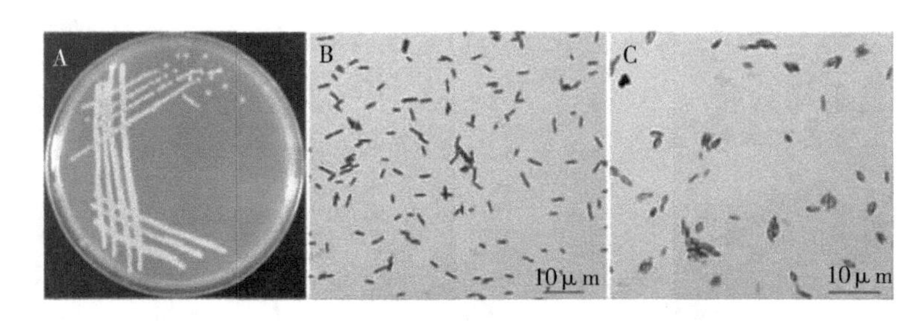

A. 培养基菌落形态；B. 显微镜下菌体形态；C. 显微镜下芽孢形态。

图 3-10　S2-31 菌株培养基上菌落形态和显微镜下形态

三、小结

本研究通过拮抗菌抑菌试验和发酵液抑菌试验从健康植株的根际菌群筛选出抑菌活性最高的菌株 S2-31，其活菌和发酵产物均可以明显抑制叶枯病病原菌菌丝的正常生长；经形态学和 16 S rDNA 序列分析鉴定为侧孢短芽孢杆菌。

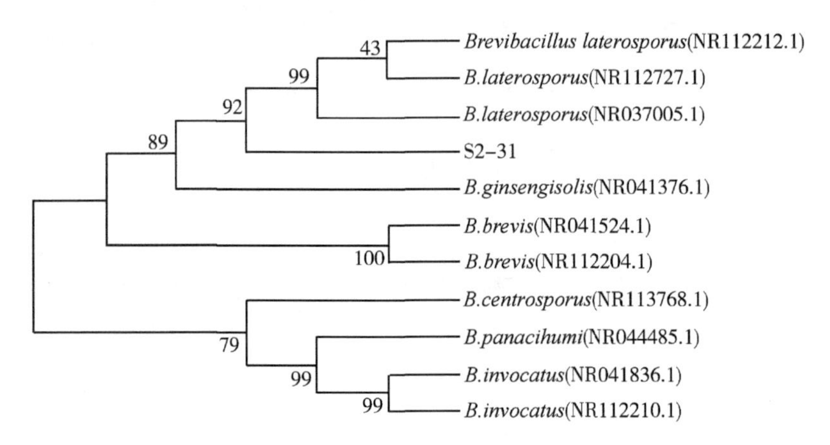

图 3-11　S2-31 菌株与其相关菌株的系统发育树

第四章　芽孢杆菌和毛壳菌的生理生化培养特性

第一节　死谷芽孢杆菌生理生化特征

本课题组分离得到的菌株 B10，经生理生化和分子生物学鉴定为死谷芽孢杆菌，它是一类较新的种。芽孢杆菌是较复杂的一个类群，除了较早定的 *Bacillus subtilis*、*B. amyloliquefaciens*、*B. licheniformis*、*B. pumilus*、*B. atrophaeus* 5 个种外，陆续分化出 *B. vallismortis*、*B. mojavensis*、*B. tequilensis* 等新种（曹凤明等，2008）。

一、试验材料与方法

（一）菌株来源

食用菌菌袋中筛选出来的菌株 B10。

B10 生理生化实验参照《伯杰细菌鉴定手册》（R E 布坎南，1984），《常见细菌系统鉴定手册》（东秀珠，蔡妙英，2001）原理，使用细菌微量生化反应管测定。

培养基：蛋白胨 10 g，NaCl 5 g，牛肉膏 3 g，琼脂 2%，蒸馏水 1 000 mL，

pH 自然。

方法：取一点菌苔，在营养琼脂培养基平板一侧边缘处，反复涂抹直径约为1 cm大小的面积，灼烧接种环，冷却后，从上述涂菌处划出7~8条直线，再转向，重复画线，以划满整个平板为宜，倒置平板，于（37±1）℃培养1~2d，出现单菌落，观察结果。

（二）生理生化特征试验

1. 生长温度测定

最低、最适、最高和耐受温度，测定区间设置为：4℃、20℃、30℃、37℃、41℃、45℃、55℃、65℃。

以液体培养物（24 h 培养物）一小环转入澄清营养肉汁培养基中，置于不同温度培养。37℃以上的测定应置水浴中，需3次移种，生长者为阳性。

2. 需氧厌氧型试验

培养基：蛋白胨 10 g，NaCl 5 g，牛肉膏 3 g，琼脂 2%，蒸馏水 1 000 mL，pH 值。

方法：将培养基制成斜面，用穿刺接种法接种于上述培养基的深部，于37℃培养。观察菌落是否向培养基表面生长。

3. 糖类发酵试验

细菌含有分解不同糖类的酶，因而分解各种糖类的能力也不一样。有些细菌分解产酸，培养基用指示剂溴麝香草酚蓝的颜色由蓝变黄，并有气泡；有些不分解糖类，培养基仍为蓝色。

培养基：用邓亨氏（Dunham）蛋白胨水溶液，蛋白胨 1 g，NaCl 0.5 g，水100 mL，pH 值 7.6，按 0.5%~1%的比例分别加入各种糖（D-阿拉伯糖、纤维二糖、果糖、半乳糖、葡萄糖、乳糖、麦芽糖、蕈糖、血清菊糖、蔗糖、蜜二糖、棉子糖、松三糖、木糖、甘露糖、甘露醇、山梨醇），每 100 mL 加入1.2 mL的 0.2%溴麝香草酚蓝作指示剂。

0.2%溴麝香草酚蓝溶液配法：

溴麝香草酚蓝：0.2 g；

0.1 N NaOH：5 mL；

蒸馏水：95 mL。

方法：从琼脂斜面的纯培养物上，用接种环取少量被检细菌接种于糖发酵管培养基中，在37℃培养，观察2~3 d。

4. V-P 试验

某些细菌能从葡萄糖→丙酮酸→乙酰甲基甲醇→2,3-丁烯二醇，在有碱存在时氧化成二乙酰，后者和胨中的胍基化合物起作用，产生粉红色的化合物。其反应式为：

$$2CH_3COCOOH \longrightarrow CH_3COCHOHCH_3 + 2CO_2$$

丙酮酸乙酰甲基甲醇

$$CH_3CHOHCHOHCH_3 \xrightarrow[KOH]{-2H} CH_3COCOCH_3$$

2，3-丁烯二醇丁二酮（二乙酰）

乙酰甲基甲醇　　　　丁二酮（二乙酰）

$$\begin{matrix} O=C-CH_3 \\ | \\ O=C-CH_3 \end{matrix} + NH=C\begin{matrix} NH_2 \\ NH_2 \end{matrix} \longrightarrow NH=C\begin{matrix} N=C-CH_3 \\ | \\ N=C-CH_3 \end{matrix} + H_2O$$

丁二酮　　　胍基　　　红色化合物

培养基：葡萄糖5 g，K_2HPO_4 5 g，蛋白胨5 g，完全溶解于1000 mL水中。

试剂：6% α-奈酚酒精溶液为甲液，40%氢氧化钾为乙液。

同上法接种培养细菌，于2 mL培养液内加入甲液1 mL和乙液0.4 mL，摇振混合。

试验时强阳性者，可产生粉红色反应；长时间无反应，置室温过夜，次日不变者为阴性。

5. 甲基红试验（M.R）

某些细菌在糖代谢过程中生成丙酮酸，有的甚至进一步被分解为甲酸、乙酸、乳酸等，而不是生成VP试验中的二乙酰，从而使培养基的pH值下降至4.5

或以下（VP 试验的培养物 pH 值常在 4.5 以上），故加入甲基红试剂呈红色。本试验常与 VP 试验一起使用，因为前者呈阳性的细菌，后者通常为阴性。

培养基：同 VP 试验培养基。

甲基红指示剂：0.1 g 甲基红溶于 300 mL 95%乙醇中，再加入蒸馏水 200 mL。

方法：接种细菌于培养液中，37℃培养 2~7 d 后，于培养物中加入几滴试剂，变红色者为阳性反应。

6. 淀粉水解试验

细菌如产生淀粉酶可将淀粉分解为糖类，在培养基上滴加碘液，可在菌落周围出现透明区。

淀粉琼脂培养基：

pH 值 7.6 的肉浸汤琼脂：90 mL；

3%淀粉溶液：10 mL。

将琼脂加热熔化，冷却到 45℃，加入无菌淀粉溶液，混匀后，倾注平板。

方法：将细菌划线接种于上述平板上，在 37℃培养 24 h。生长后取出，在菌落处滴加革兰氏碘液少许，观察结果。培养基呈深蓝色，能水解淀粉的细菌及其菌落周围有透明的环。

7. 柠檬酸盐利用试验

当细菌利用铵盐作为唯一氮源，并利用柠檬酸作为唯一碳源时，可在柠檬酸培养基上生长，生成碳酸钠，并同时利用铵盐生成氢，使培养基呈碱性。

Christenten 氏培养基：

柠檬酸钠：5 g；

KH_2PO_4：1 g；

葡萄糖：0.2 g；

NaCl：5 g；

酚红：0.012 g；

半胱氨酸：0.1 g；

琼脂：15 g；

酵母浸膏：0.5 g；

蒸馏水加至：1 000 mL。

pH 值，高压灭菌后做成斜面。接种时先划线后穿刺，孵育于 37℃观察 7 d。阳性者培养基变红色，阴性者培养基仍为黄色。

8. 吲哚试验

细菌分解蛋白胨中的色氨酸，生成吲哚（靛基质），经与试剂中的对二甲基氨基苯甲醛作用，生成玫瑰吲哚。

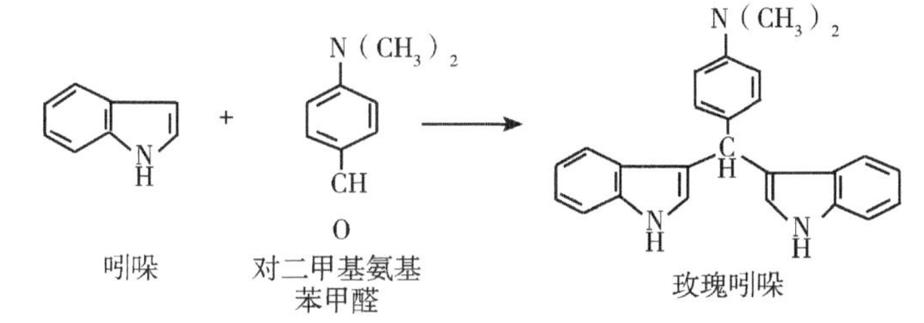

$CH_2CHNH_2COOH+H_2O$ → $+NH_3+CH_2COCOOH$

色氨酸　吲哚

N　H　N　H

$N(CH_3)_2$　$N(CH_3)_2$

\+ →

N　H　CH　O　C　H　N　H　N　H

吲哚　对二甲基氨基苯甲醛　玫瑰吲哚

培养基：邓亨氏蛋白胨溶液（同 2.2.2.3）

试剂：

对位二甲基氨基苯甲醛：5 g；

戊醇（聚异戊醇）：75 g；

浓盐酸：25 mL。

方法：滤纸片浸湿 1%的二甲基苯丙烯甲醛的 10%浓 HCl 溶液，然后以接种环刮取一环琼脂的纯培养物涂布于该滤纸上。

细菌涂印周围呈蓝色者为阳性，细菌涂印周围无色泽变化或淡黄色者为阴性。

9. 硝酸盐还原试验

原理：有的细菌能把硝酸盐还原为亚硝酸盐，而亚硝酸盐能和对氨基苯磺酸作用生成对重氮基苯磺酸，且对重氮基苯磺酸与 α-萘胺作用能生成红色的化合物 N-α-萘胺偶氮苯磺酸，其反应式为：

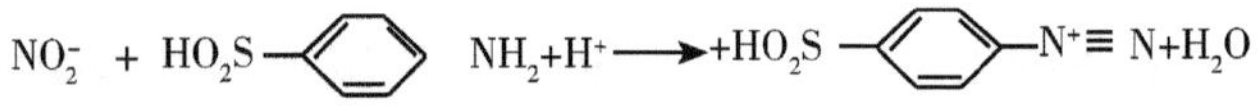

$$NO_2^- + HO_2S-C_6H_4-NH_2 + H^+ \longrightarrow HO_2S-C_6H_4-N^+\equiv N + H_2O$$

对氨基苯磺酸对重氮基苯磺酸

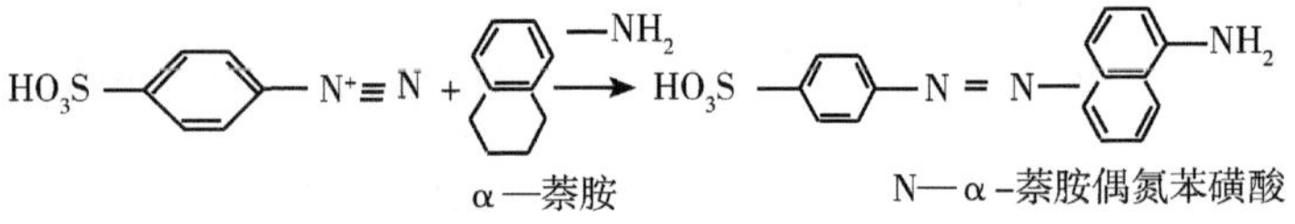

$$HO_3S-C_6H_4-N^+\equiv N + \underset{\alpha\text{—萘胺}}{C_{10}H_7-NH_2} \longrightarrow \underset{N\text{—}\alpha\text{-萘胺偶氮苯磺酸}}{HO_3S-C_6H_4-N=N-C_{10}H_6-NH_2}$$

培养基：

硝酸钾（不含 NO_2^-）：0.2 g；

蛋白胨：5 g；

蒸馏水：1 000 mL。

试剂：

甲液对氨基苯磺酸：0.8 g；

5N 醋酸溶液：100 mL；

乙液 α-萘胺：0.5 g；

5N 醋酸溶液：100 mL。

方法：

接种细菌后 37℃ 培养 4 d，沿管壁加入甲液 2 滴与乙液 2 滴，当时观察。阳性者立刻呈红色。

10. 苯丙氨酸脱氨酶试验

细菌能将苯丙氨酸脱氨变成苯丙酮酸，酮酸能使三氯化铁指示剂变成绿色。变形杆菌及普罗菲登斯菌有苯丙氨酸脱氨酶的活力。

培养基：

L 苯丙氨酸：1 g；

NaCl：5 g；

酵母浸膏：3 g；

琼脂：12 g；

Na_2HPO_4：1 g；

蒸馏水：1 000 mL。

分装于小试管内，121℃高压灭菌 10 min，制成长斜面。

试验方法：多量接种被检菌，37℃孵育 18~24 h，生长好后，取出注入 0.2 mL（或 4~5 滴）10%的 $FeCl_3$水溶液于生长面上，变绿色者为阳性。

二、结果与分析

B10 生理生化特征如下。

细菌快速生化反应试验对 B10 菌的鉴定结果见表 4-1，并参考 Roberts 等（1996），可判断 B10 菌为枯草芽孢杆菌（*Bacillus subtilis*）或死谷芽孢杆菌（*Bacillus vallismortis*）。

表 4-1　B10 菌的主要生理学特征

生理生化试验	Result 结果
0.001%溶菌酶	-
3%氯化钠	+
5%氯化钠	+
7%氯化钠	+
10%氯化钠	+
厌氧生长	-
酪蛋白分解	+
纤维二糖	-
柠檬酸	+

（续表）

生理生化试验	Result 结果
D-阿拉伯糖	+
果糖	+
G+C 含量（mol%）	55
半乳糖	-
葡萄糖	+
生长在 pH 值 5.7	+
靛基质	+
乳糖	-
麦芽糖	-
甘露醇	-
甘露糖	-
最大生长温度（℃）	50
最低生长温度（℃）	10
蜜二糖	-
甲基红	-
蕈糖	-
硝酸盐还原	+
过氧化氢酶试验	+
苯丙氨酸	+
葡酸盐	-
丙酸	-
棉子糖	-
水杨素	-
血清菊糖	+
松三糖	-
山梨醇	-
淀粉	+
蔗糖	+
Tween-80 分解	+

（续表）

生理生化试验	Result 结果
二乙酰试验	+
木糖	+

注：表中“+”表示阳性或能够利用；“-”表示阴性或不能利用。

三、小结

芽孢杆菌是一个多样性十分丰富的微生物类群，分布广泛，其抑制植物病原菌的范围很广，包括根部、叶部、枝干、花部和收获后果实等多种病害，是一种理想的生防微生物。芽孢杆菌（*Bacillus*）是一类好氧型、内生抗逆孢子的杆状细菌，广泛存在于土壤、湖泊、海洋和动植物的体表，自身没有致病性，能产生多种外分泌蛋白。在生长条件不适宜时，芽孢杆菌停止生长，同时加快代谢作用，产生多种大分子的水解酶和抗生素，并诱导自身的能动性和趋化性，从而恢复生长。在极端的条件下，还可以诱导产生抗逆性很强的内源孢子。正是由于枯草芽孢杆菌无致病性，并可以分泌多种酶和抗生素，而且还具有良好的发酵培养基础，所以用途十分广泛。

第二节　林下参内生真菌 SF-01 的生理生化特性

一、材料与方法

（一）材料

1. 供试林下参叶片

2018 年 7 月，于吉林省抚松县林下参种植地，根据 5 点取样法，采集 15 年生健康植株的叶片，装入自封袋带回实验室，4℃保存备用。

2. 供试病原菌

人参黑斑病菌（*Alternaria panax*）、人参锈腐病菌（*Cylindrocarpon destructans*）、人参立枯病菌（*Rhizoctonia solani*）、人参根腐病菌（*Fusarium solani*）、人参灰霉病菌（*Botrytis cinerea*）、人参菌核病菌（*Sclerotinia schinseng*）、人参疫病菌（*Phytophthora cactorum*）均由吉林农业大学植物病理实验室提供。

3. 培养基

基础发酵 PD 培养基：葡萄糖 20.0 g；蛋白胨 10.0 g；NaCl 5.0 g；碳酸钙 1.0 g，调节 pH 值 7.0，蒸馏水定容至 1 L（方翔等，2018）。

（二）培养基成分优化

1. 成分优化

碳源优化：在其他条件不变的情况下，分别用麦芽糖、乳糖、玉米粉、淀粉和蔗糖等量替换基础发酵培养基中的葡萄糖，以基础发酵培养基为对照。

氮源优化：在其他条件不变的情况下，分别用酵母浸粉、牛肉膏、硝酸钾、尿素、氯化铵等量替换基础发酵培养基中的蛋白胨，以基础发酵培养基为对照。

无机盐优化：在其他条件不变的情况下，分别用磷酸氢二钾、硫酸锰、硫酸镁、硫酸锌和硫酸亚铁等量替换基础发酵培养基中的碳酸钙，以基础发酵培养基为对照。

2. 培养基成分正交试验

根据培养基成分单因素试验的结果，选择最佳碳源（淀粉）、氮源（酵母浸粉）、无机盐（磷酸氢二钾和硫酸镁）共 4 个因素，设置 3 个水平，进行正交试验（表 4-2）。发酵试验设计 3 次重复，取 3 次试验的平均值作为发酵配方的试验结果。

表 4-2　培养基成分正交因素与水平

水平	A（淀粉/%）	B（酵母浸粉/%）	C（磷酸氢二钾/%）	D（硫酸镁/%）
1	0.5	0.5	0.05	0.05

（续表）

水平	A（淀粉/%）	B（酵母浸粉/%）	C（磷酸氢二钾/%）	D（硫酸镁/%）
2	1.0	1.0	0.1	0.1
3	1.5	1.5	0.15	0.15

3. 发酵条件优化

基于优化的发酵培养基，检测起始 pH 值、温度、接种量和发酵时间对菌株 FS-01 的抑菌效果。①起始 pH 值：设置 5.0、6.0、7.0、8.0、9.0 和 10.0 共 6 个起始 pH 值，接种后于 25℃、150 r/min 条件下培养 5 d，检测抑菌效果；②温度：设置 20℃、25℃、30℃、35℃、40℃ 和 45℃ 共 6 个温度，接种后于 150 r/min条件下培养 5 d，检测抑菌效果；③接种量：设置 3.0%、4.0%、5.0%、6.0%、7.0%和 8.0%共 6 个接种量，接种后于 150 r/min 条件下培养 5 d，检测抑菌效果；④发酵时间：设置 2 d、3 d、4 d、5 d、6 d、7 d 共 6 个发酵时间，接种后于 25℃、150 r/min 条件下培养，检测抑菌效果。

二、结果与分析

1. 培养基成分优化

不同碳、氮源和无机盐对 SF-01 菌株抑菌活性的影响如表 4-3 所示。在所有碳源中，以淀粉为碳源时抑菌圈最大，抑菌圈直径为 20.37 mm，因此淀粉为最适碳源；在所有氮源中，以酵母浸粉为氮源时抑菌圈最大，抑菌圈直径为 23.15 mm，因此酵母浸粉为最适氮源；在所有无机盐中，以磷酸氢二钾为无机盐时抑菌圈最大，抑菌圈直径为 23.85 mm，因此磷酸氢二钾为最适无机盐。

表 4-3　不同碳、氮源和无机盐对 SF-01 菌株抑菌活性的影响

碳源	抑菌圈直径	氮源	抑菌圈直径	无机盐	抑菌圈直径
麦芽糖	15.11b	酵母浸粉	23.15e	磷酸氢二钾	23.85e

（续表）

碳源	抑菌圈直径	氮源	抑菌圈直径	无机盐	抑菌圈直径
乳糖	16.96c	牛肉膏	21.67d	硫酸锰	18.64c
玉米粉	14.32a	硝酸钾	5.26b	硫酸镁	21.16d
淀粉	20.37e	尿素	4.51a	硫酸锌	8.53b
蔗糖	18.45d	氯化铵	7.36c	硫酸亚铁	3.26a

注：同列不同小写字母表示差异显著（$P<0.05$）。

2. 正交试验

以淀粉（A），酵母浸粉（B），磷酸氢二钾（C）和硫酸镁（D）为因素，按 L9（3^4）正交表设计四因素三水平的正交试验，通过测定 SF-01 菌株对人参黑斑病菌的抑菌活性大小，确定最佳发酵培养基配方。正交试验的极差分析表明，4 个因素对人参黑斑病抑菌率的影响为 A>B>D>C，最佳水平组合是 $A_2B_2C_1D_2$（表 4-4）；方差分析结果表明，因素 A 对 SF-01 菌株发酵液抑菌活性影响显著，因此确定培养基的最佳配方：淀粉为 1.50%，酵母浸粉为 1.00%，磷酸氢二钾为 0.05%、硫酸镁为 0.10%。

表 4-4　发酵培养基正交设计 L9（3^4）及试验结果

编号	A	B	C	D	抑菌率（%）
—	1	1	1	1	3.57
—	1	2	2	2	12.36
—	1	3	3	3	41.55
—	2	1	2	3	13.78
—	2	2	3	1	20.34
—	2	3	1	2	80.23
—	3	1	3	2	61.27
—	3	2	1	3	62.89
x_1	21.531	28.583	50.731	33.637	—
x_2	39.462	35.442	34.166	53.852	—

（续表）

编号	A	B	C	D	抑菌率（%）
x_3	70.734	67.471	46.378	44.278	—
R	50.629	39.664	18.553	22.639	—

3. 发酵条件优化

在已经确定的最佳培养基成分基础上，对 FS-01 菌株的发酵条件进行单因素优化试验（图 4-1）。结果表明，不同培养条件对 FS-01 菌株的抑菌活性影响较大，当 pH 值为 7 时，抑菌率最大为 28.54%，pH 值过高或过低，都会降低 FS-01 菌株的抑菌活性；当培养温度为 30℃时，抑菌率最大为 45.24%，FS-01 菌株的抑菌活性最强；当接种量为 6.0%时，抑菌率最大为 54.13%；抑菌率随着发酵时间的延长先升高后降低，当发酵时间为 5 d 时抑菌率最大为 63.18%。由此可知，拮抗 SF-01 菌株最适发酵条件：pH 值为 7.0，最适培养温度为 30℃，

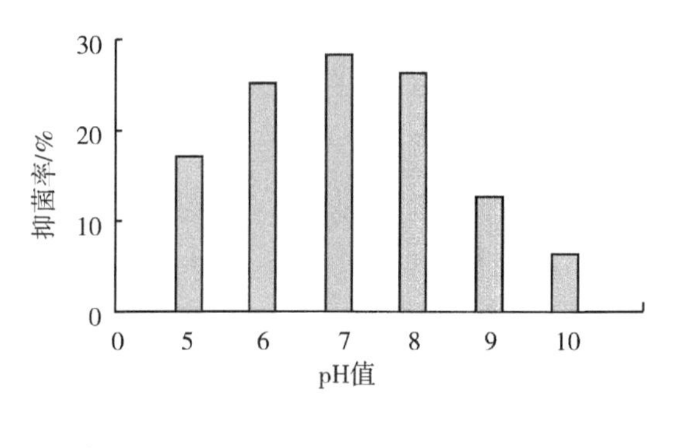

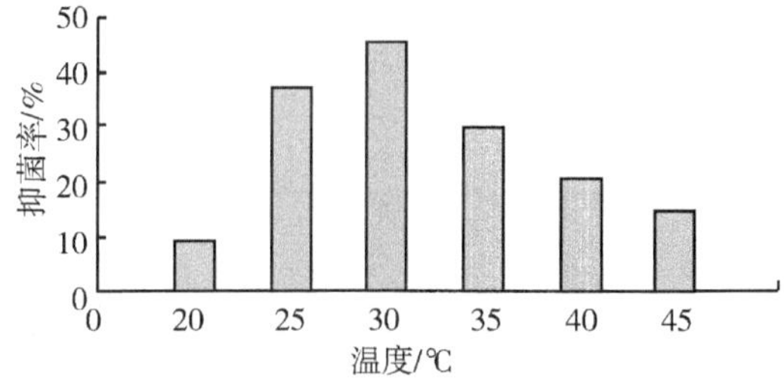

最适接种量为6.0%，最适培养时间为5 d。

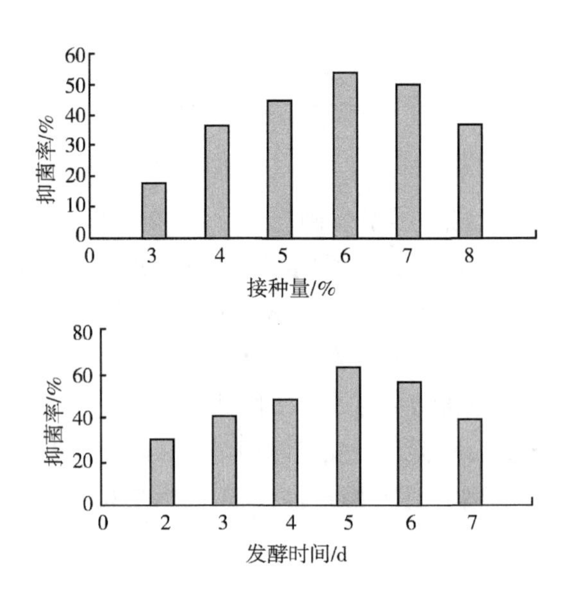

图4-1　不同发酵条件对SF-01菌株发酵液抑菌活性的影响

在最佳培养基成分和发酵条件下，进行3次验证试验，抑菌率为92.65%。因此，优化后的发酵培养基成分和发酵条件有利于SF-01菌株抑菌活性物质的生成。

三、小结

抑菌活性物质受外界培养条件的影响，为了提高SF-01菌株抑菌活性物质的产量，通过单因素试验优化了培养基成分及发酵条件，后续将探究其抑菌机制，以期为将其大规模开发成一种新型生防菌剂奠定理论基础。

第三节　人参黑斑病菌生防内生真菌的生理生化特性

一、材料与方法

（一）材料

供试植物健康的人参叶片采自吉林省集安市人参产区。

供试病原菌人参黑斑病菌为本实验室保存的菌种。

1. 供试培养基

马铃薯葡萄糖琼脂（PDA）培养基：马铃薯 200 g，葡萄糖 20 g 和琼脂粉 20 g，定容至1 000 mL。

马铃薯葡萄糖（PD）培养基：马铃薯 200 g，葡萄糖 20 g，定容至1 000 mL。

2. 试剂与仪器

真菌基因组提取试剂盒（北京康为世纪生物科技有限公司）；真菌通用引物 ITS1 和 ITS4 由上海生工科技有限公司合成；DYY-6C 电泳仪（北京六一生物科技有限公司）；美国伯乐 Biorad GelDoc XR 型凝胶成像系统；Nikon TS 倒置相差显微镜（日本尼康公司）。

（二）方法

1. 不同温度对菌落生长的影响

将直径 5 mm 的病菌菌丝块接种于 PDA 平板中央，然后分别在 5℃、10℃、15℃、20℃、25℃、30℃、35℃、40℃恒温培养，6 d 后测量菌落直径。

2. 不同 pH 值对菌落生长的影响

用稀 HCl 和 NaOH 溶液制成 pH 值分别为 3、4、5、6、7、8、9 的 PDA 平

板，将直径 5 mm 的病菌菌丝块接种其平板中央，并于 25℃ 恒温培养，6 d 后测量菌落直径。

3. 不同光照对菌丝生长的影响

将直径 5 mm 的病菌菌丝块接种于 PDA 平板中央，置于全光照、全黑、自然光 3 个光照处理，于 25℃ 恒温培养，6 d 后测量菌落直径。

二、结果与分析

1. 不同温度对菌丝生长的影响

人参黑斑病内生真菌在温度为 5~35℃ 时均能生长，其中在 25℃ 时菌落生长最快，当温度大于 30℃，菌丝生长趋势明显下降，温度达到 40℃ 时菌落不能生长，甚至菌丝出现衰亡现象（图 4-2）。

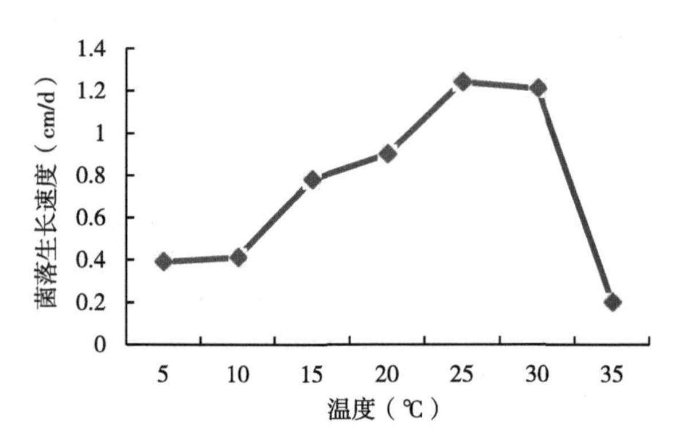

图 4-2　温度对人参黑斑病内生真菌生长的影响

2. 不同 pH 值对菌丝生长的影响

人参黑斑病内生真菌对酸碱度的适应范围比较广，pH 值为 3~9 均可生长，在 pH 值为 5~7 时生长最快，在第 6 天时，pH 值为 6 菌落直径达到 8.48 cm（表 4-5）。pH 值过高或过低时，菌落生长速度均较慢，表明病原菌喜中性偏酸的环境，过酸或过碱的环境均不适于该病菌生长。

表 4-5　温度对人参黑斑病内生真菌生长的影响

pH 值	菌落直径（cm）
3	2. 74±0. 27 a
4	5. 32±0. 32 ab
5	6. 96±0. 18 a
6	8. 48±0. 29 a
7	6. 73±0. 33 b
8	4. 88±0. 21 a
9	1. 69±0. 14 a

3. 不同光照对菌丝生长的影响

人参黑斑病内生真菌在全光、全黑或光暗交替处理，菌落生长速度大体一致，培养 6 d 后菌落直径分别为 8. 62cm、8. 43cm、8. 26 cm，表明光照对菌落生长影响不大。

三、小结

人参黑斑病内生真菌，pH 值为 3~9 均可生长，在 pH 值为 5~7 时生长最快，在第 6 天时，pH 值为 6 菌落直径达到 8. 48 cm；在温度为 5~35℃时均能生长，其中在 25℃时菌落生长最快，当温度大于 30℃，菌丝生长趋势明显下降，温度达到 40℃时菌落不能生长，甚至菌丝出现衰亡现象，菌落生长对光照的要求不严格。

第四节　细辛叶枯病生防细菌的生理生化特性

一、材料与方法

（一）供试样品

供试病原菌：从辽宁省新宾县细辛种植区叶枯病发病田采集发病叶片，经本实验室分离、鉴定，确定为细辛叶枯病病原菌——槭菌刺孢（*M. acerina*）。

供试土样：从辽宁省新宾县细辛种植区采集细辛健康植株的根际土，采用抖落法（李春俭，2008），取与根系紧密结合，不易抖落的土壤作为根际土。

供试细辛植株：三年生北细辛 *A. heterotropoides* Fr. Schmidt var. *mandshuricum* (Maxim.) Kitag. 植株。

培养基和试剂：①营养琼脂培养基（NA）：蛋白胨 10 g，牛肉膏 3 g，NaCl 5 g，琼脂 15~20 g，蒸馏水 1 000 mL。②胰蛋白胨大豆琼脂培养基（TsA）：酪蛋白胰酶消化物 15 g，大豆粉木瓜蛋白酶消化物 5 g，NaCl5 g，琼脂 15 g，蒸馏水 1 000 mL。③西蒙氏柠檬酸盐培养液：NaCl 1 g，磷酸二氢铵 0.5 g，七水合硫酸镁 0.2 g，柠檬酸钠 2 g，0.04%酚红溶液 20 mL，水 1 000 mL，pH 值 6.8。④缓冲葡萄糖蛋白胨培养液：蛋白胨 5 g，葡萄糖 5 g，NaCl 5 g，水 1 000 mL，pH 7.0~7.2。⑤多种微量生化鉴定管：购自北京陆桥技术有限责任公司。

（二）试剂与仪器

细菌通用引物由上海生工科技有限公司合成；DYY-6C 电泳仪（北京六一生物科技有限公司）；美国伯乐 BioBioradGelDocXR 型凝胶成像系统；Nikon TS 倒置相差显微镜（日本尼康公司）。

（三）方法

1. 芽孢杆菌生长特性研究

菌株耐盐性、耐碱性特性研究，采用在 NA 培养基中分别加入 NaCl、HCl、NaOH，改变培养基的盐度、酸碱度，以正常培养基平板作为阳性对照的方法；菌株生长温度特性研究，采用将接种后平板分别在不同温度条件下培养，以 37℃培养菌株为阳性对照的方法。

2. 芽孢杆菌生化特性研究

使用微量生化鉴定管分别对供试菌株进行硝酸盐还原，鸟氨酸、精氨酸、赖氨酸、马尿酸盐、肌醇、侧金盏花醇、1%美蓝牛乳、水杨苷利用、明胶液化等项目作生化特性研究，使用方法参照商品说明书。分别将试验用菌株接种于0.01%溶菌酶、西蒙氏柠檬酸盐培养液、缓冲葡萄糖蛋白胨培养液中培养，一定时间后作相应处理，进行菌株关于0.01%溶菌酶生长、柠檬酸盐利用、M.R、VP反应特性的研究。

二、结果与分析

（一）芽孢杆菌生长特性

分别在不同盐度、酸碱度、温度条件下培养试验用芽孢杆菌，观察各种芽孢杆菌在不同条件下的生长状况，结果如表4-6所示。

表4-6　芽孢杆菌生长特性

菌株	耐盐性（NaCl）				温度特性（℃）						耐酸碱性				
	1%	3%	5%	7%	4	25	37	42	45	55	4.5	5.6	6.2	8.3	9
H1	+	+	+	+	+	+	+	+	+	+	-	+	+	+	+
H2	+	-	-	-	-	-	-	+	-	-	-	-	+	+	+
H3	+	+	+	-	-	-	-	+	+	+	-	-	-	+	+
H4	-	-	-	+	+	+	+	+	-	-	-	+	+	+	+
H5	+	+	-	-	+	+	-	-	-	+	+	+	-	+	-
H6	-	-	-	+	+	+	-	-	-	+	+	-	-	+	+

注：生长状况分为可以生长和不能生长，可以生长形状编码为“+”；不能生长形状编码为“-”。

通过分析芽孢杆菌生长特性结果可知，在耐盐性方面，枯草芽孢杆菌、地衣芽孢杆菌、巨大芽孢杆菌、短小芽孢杆菌、解淀粉芽孢杆菌的耐盐性较强，在含培养基10% NaCl的条件下生长良好。而环状芽孢杆菌、嗜热芽孢杆菌、凝结芽孢杆菌、蜡样芽孢杆菌、蜡状芽孢杆菌均无法生长。在生长温度方面，环状芽孢杆菌和嗜热芽孢杆菌无法在15℃条件下生长，而枯草芽孢杆菌、巨大芽孢杆菌、短小芽孢杆菌则能耐受较低温度的环境，可以在SAC条件下生长；同时，枯草芽孢杆菌、嗜热芽孢杆菌、凝结芽孢杆菌、地衣芽孢杆菌均可耐受较高温度环境。在耐酸、碱性方面，基本上所有的芽孢杆菌都可以适应pH值为5.5~9.0的生长环境，环状芽孢杆菌、嗜热芽孢杆菌、解淀粉芽孢杆菌耐酸性较强，嗜热芽孢杆菌不能在偏碱性环境下生长。综合分析，通过含10% NaCl的培养基，可将枯草芽孢杆菌、地衣芽孢杆菌、巨大芽孢杆菌、短小芽孢杆菌、解淀粉芽孢杆菌与环状芽孢杆菌、嗜热芽孢杆菌、凝结芽孢杆菌、蜡样芽孢杆菌作初步分离；通过5℃条件下培养，可将枯草芽孢杆菌、巨大芽孢杆菌、短小芽孢杆菌与其他芽孢杆菌区分开；通过采用pH值为9.0的培养基培养可直接筛选出嗜热芽孢杆菌。

（二）芽孢杆菌生化特性

对试验用菌株进行以下14项生化试验，目的在于通过不同芽孢杆菌对不同物质的利用和特异性反应，确定各种芽孢杆菌的生化谱，为寻求快速鉴定特定芽孢杆菌种类的新方法提供参考，结果如表4-7所示。

表4-7　芽孢杆菌的生化特性

菌株	硝酸盐	鸟氨酸	精氨酸	赖氨酸	柠檬酸盐	马尿酸盐	肌醇	侧金盏花醇	1%美蓝牛乳	水杨苷	明胶液化	0.01%溶菌酶	M.R	V.P
H1	+	+	+	+	+	-	-	-	-	-	-	+	-	+
H2	-	+	+	+	+	-	-	-	+	+	-	-	+	+
H3	-	-	+	-	+	-	-	-	-	+	-	-	+	+
H4	-	+	+	+	+	-	+	-	+	+	-	-	+	-
H5	-	-	-	+	+	-	-	+	+	-	-	-	-	-
H6	+	+	-	+	+	-	-	-	-	+	+	-	-	+

注：反应状态分为阳性和阴性，阳性形状编码为“+”，阴性形状编码为“-”。

通过分析以上芽孢杆菌生化试验结果可知，枯草芽孢杆菌只能利用赖氨酸，短小芽孢杆菌只能利用马尿酸盐，对于其他生化试验反应均显阴性。环状芽孢杆菌可以利用鸟氨酸、精氨酸，在其他生化反应中均显阴性，因此可以和其他芽孢杆菌相区别。嗜热芽孢杆菌和凝结芽孢杆菌具有硝酸盐还原特性并且能在0.01%溶菌酶环境生长，这和其他芽孢杆菌不同；另外，在细菌个体方面凝结芽孢杆菌大于嗜热芽孢杆菌，以上特性可以作为区分这2种芽孢杆菌的依据。巨大芽孢杆菌可以利用柠檬酸盐，使明胶液化，M.R反应呈阳性，在其他生化反应中均显阴性。蜡样芽孢杆菌、解淀粉芽孢杆菌能进行硝酸盐还原和明胶液化，能在0.01%溶菌酶环境生长，M.R、V.P反应呈阳性，并且解淀粉芽孢杆菌耐盐性强，能在10% NaCl环境下生长，以上生理生化特性可以作为鉴定2种芽孢杆菌的理论依据。地衣芽孢杆菌和蜡状芽孢杆菌在硝酸盐还原、精氨酸利用、明胶液化、0.01%溶菌酶生长、M.R、V.P反应呈阳性等方面具有同步性，但地衣芽孢杆菌可以利用柠檬酸盐，且耐盐性强，可在高盐度环境下生长，这些生理生化特性可以为进一步准确鉴定芽孢杆菌种类提供参考。

三、小结

芽孢杆菌的应用主要是基于芽孢和菌株本身2个方面，芽孢能在极端环境（高酸、高渗、高碱、高温、高寒）下生存良好，菌株本身的新陈代谢作用以及菌株与周围环境的互动等，这不仅有良好的应用价值，还有意义深远的生物学价值。

第五章　芽孢杆菌和毛壳菌的生防研究

第一节　死谷芽孢杆菌在香菇栽培中的生防研究

一、试验材料

（一）供试菌株

菌株 B10：死谷芽孢杆菌（*B. vallismortis*）。香菇 PX18，死谷芽孢杆菌 B10，木霉 29，辽宁省微生物科学研究院提供。

木霉（*Trichoderma* spp.）T101、T102、T104，从食用菌染菌的菌袋中分离。

木霉 29、74（保藏中心编号 3. 3029，3. 2774），辽宁省微生物菌种保藏中心提供。

（二）培养基

香菇栽培料基础配方：

木屑 78%，麸皮 20%，石膏 1%，糖 1%，每管干料 6 g。

基础培养基（PDA 培养基）：

马铃薯（去皮）200 g，葡萄糖 20. 0 g，琼脂 20. 0 g，蒸馏水 1 000 mL，pH

值自然。

B10 液体培养基（LB 培养基）：

酵母膏 5 g，蛋白胨 10 g，NaCl 10 g，水 1 000 mL，pH 值 7.0。

二、试验方法

（一）母种的制备

B10 在 NA 培养基上 32℃活化 24 h，挑取一环于 10 mL 无菌水中，稀释至 1 000倍，吸取 1 mL 于 PDA 平板中，涂布均匀，在 32℃培养至长出菌落，用 8 mm打孔器打孔制成菌碟准备待用。

将木霉 29、74、T101、T102、T104，挑取一环于 10 mL 无菌水中，稀释至 1 000倍，吸取 1 mL 于 PDA 平板中，涂布均匀，在 26℃培养 48 h，用 8 mm 打孔器打孔制成菌碟准备待用。

B10 发酵液的制备：将 B10 接种于 LB 液体培养基中，32℃，170 r/min 振荡培养 24 h 作为种子液。

（二）B10 菌体对木霉的拮抗实验

将打孔好的 B10 菌碟，分别与 5 种木霉接种于 PDA 平板中，菌碟相距 3 cm，重复 3 次，放入恒温培养箱中 26℃培养 72 h 后测量抑菌圈大小和抑菌带宽。

抑菌带宽按照下式计算：

$$抑菌带宽 = \frac{A + B}{2} - 8$$

式中：A 为抑菌圈的最大直径（mm）；B 为抑菌圈的最小直径（mm）；8 为牛津杯的外径（mm）。

（三）B10 发酵液对木霉的拮抗实验

将培养 24 h 的种子液，按 5%接种量转接于装有 100 mL LB 液体培养基的 250 mL 三角瓶中，32℃，170 r/min 振荡培养，设置 6 个培养时间段：12、24、36、48、60、72 h，然后8 000 r/min，10 min，4℃离心，上清液用0.22 μm 细菌滤器过滤，得到发酵上清液，存于冰箱，4℃保存备用。

发酵液拮抗实验用牛津杯法（孟立花等，2008），将木霉 29、74 的菌碟分别接入培养皿距离中心 1.5 cm 左右位置，培养 36 h，待木霉从菌碟上扩散至 PDA 培养基上，并接近中心位置时，将牛津杯微热放在培养皿中，距离中心位置 1.5 cm左右，与木霉菌碟对称放置，向牛津杯加入 200 μL 发酵上清液，培养 24 h后，再向牛津杯中加入 200 μL 发酵上清液，以不接菌的 LB 培养基为对照，培养至木霉长满培养皿，测发酵上清液抑菌圈大小。

（四）B10 发酵上清液对木霉菌丝生长的影响

将 1 mL 36 h 发酵上清液与 9 mL PDA 培养基混匀，倒入平板，以加入1 mL 无菌水为对照，接入直径 8 mm 木霉菌丝块，每个处理重复 3 次，置于 26℃的条件下恒温培养 72 h 后，测定菌落直径，与对照菌落相比较，计算抑菌率。

$$抑菌率(\%) = \frac{对照组菌落直径 - 处理组菌落直径}{对照组菌落直径 - 8} \times 100$$

式中：8 为接入的木霉菌丝块直径（mm）。

（五）香菇栽培中的试验方法

1. 菌种制备

死谷芽孢杆菌、香菇和木霉均用 PDA 平板培养，(25±1)℃避光培养，将长满 PDA 平板的菌种用 8 mm 打孔器打孔制成菌碟，准备待用。

香菇栽培料：每管干料 6 g，水 9 mL，作为对照组 CK 的栽培料配方。

2. B10 对食用菌菌丝的影响

挑取死谷芽孢杆菌接入 PDA 培养基中，将打好的香菇菌碟接入培养基的另一端，(24±1)℃培养 7 d，观察死谷芽孢杆菌与香菇的生长状况。

3. B10 不同浓度发酵液对木霉生长的影响

死谷芽孢杆菌经过 36 h 的培养，得到的发酵液分别以 0. 5 mL、1 mL、2 mL、3 mL、4 mL 5 个梯度加入灭菌好的栽培料中，用无菌水补足至 9 mL，在试管口接入木霉 29，标记为 A 组，见表 5-1，每组重复 10 次，(25±1)℃避光培养，观察木霉在栽培料中的生长情况。

4. B10 不同浓度发酵液对香菇生长的影响

死谷芽孢杆菌经过 36 h 的培养，得到的发酵液分别以 0. 5 mL、1 mL、2 mL、3 mL、4 mL 5 个梯度加入灭菌好的栽培料中，用无菌水补足至 9 mL，在试管口接入香菇 PX18，标记为 B 组，见表 5-1，每组重复 10 次，(25±1)℃避光培养，观察木霉在栽培料中的生长情况。

5. B10 不同浓度发酵上清液对木霉生长的影响

死谷芽孢杆菌经过 36 h 的培养，得到的发酵液经过8 000 r/min，10 min，去除大部分菌体，通过 0. 22 μm 微孔滤膜，滤液浓缩至 10 mL，以 0. 5 mL、1 mL、2 mL、3 mL、4 mL 5 个梯度加入灭菌好的栽培料中，用无菌水补足至9mL，在试管口接入木霉 29，标记为 C 组，见表 5-1，每组重复 10 次，(25±1)℃避光培养，观察木霉在香菇栽培料中的生长情况。

6. B10 不同浓度发酵上清液对香菇生长的影响

死谷芽孢杆菌经过 36 h 的培养，得到的发酵液经过8 000 r/min，10 min，去除大部分菌体，通过 0. 22 μm 微孔滤膜，滤液浓缩至 10 mL，以 0. 5 mL、1 mL、2 mL、3 mL、4 mL 5 个梯度加入灭菌好的栽培料中，用无菌水补足至 9 mL，在试管口接入香菇 PX18，标记为 D 组，见表 5-1，每组重复 10 次，(25±1)℃避光培养，观察木霉在香菇栽培料中的生长情况。

表 5-1　栽培料中菌剂添加方法

组别	发酵液和上清液浓度梯度						菌种
A	CK	F0. 5	F1	F2	F3	F4	木霉 29

（续表）

组别	发酵液和上清液浓度梯度						菌种
B	CK	F0.5	F1	F2	F3	F4	香菇 PX18
C		W0.5	W1	W2	W3	W4	木霉 29
D		W0.5	F1	W2	W3	W4	香菇 PX18

注：CK 为无菌水；F 为发酵液；W 为发酵上清液。

三、结果与分析

（一）B10 菌体对木霉的拮抗作用

如图 5-1 所示，B10 对木霉 29、74、T101、T102、T104 均有不同程度的抑

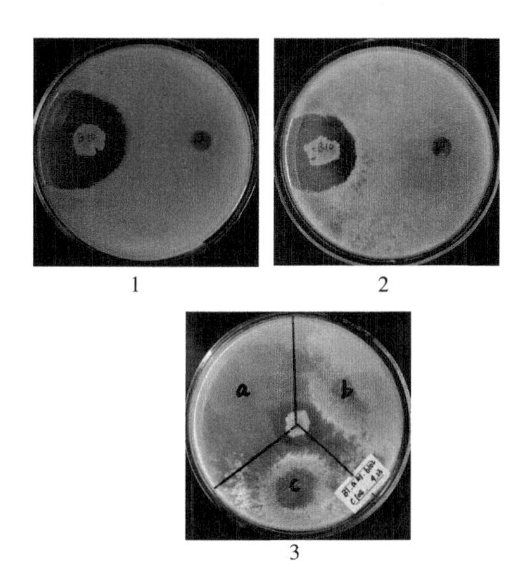

注：1 为 B10 对木霉 29 的菌体拮抗；2 为 B10 对木霉 74 的菌体拮抗；3 为 B10 位于平板中央，对 a（木霉 T101）、b（木霉 T102）、c（木霉 T104）的菌体拮抗。

图 5-1　B10 对木霉的菌体拮抗

制，拮抗线非常明显，抑菌圈清晰。因 T101 和 29，T102、T104 和 74 菌落形态一致，故后续实验仅选用木霉 29 和木霉 74。

经测定，对木霉 29、74 的抑菌圈分别达到 32.3 mm、29.8 mm，拮抗带宽分别为 24.3 mm、21.8 mm，拮抗效果明显。

（二）B10 上清液对木霉的拮抗作用

经过 6 个时间段的培养，通过细菌滤器获得的发酵上清液对木霉 29、74 做拮抗实验，以不接菌的 LB 培养基为 CK，每个处理设 3 个重复。实验结果观察，抑菌圈呈椭圆形，水平方向为最大直径，竖直方向为最小直径，取平均值，结果见表 5-2。

表 5-2　发酵上清液对木霉 29、74 的拮抗抑菌圈大小测定　（单位：mm）

培养时间段	木霉 29		抑菌带宽	木霉 74		抑菌带宽
	最大直径	最小直径		最大直径	最小直径	
12 h	8.00	8.00	0.00	8.00	8.00	0.00
24 h	24.08	22.45	15.27	19.09	17.56	10.33
36 h	25.22	24.48	16.85	22.72	21.73	14.23
48 h	20.06	18.44	11.25	20.48	15.16	9.82
60 h	21.80	20.49	13.15	16.70	14.16	7.43
72 h	21.04	20.28	12.66	18.42	14.61	8.52
CK	8.00	8.00	0.00	8.00	8.00	0.00

在 6 个时间段中，CK 对照组与 12 h 对木霉均没有呈现明显的拮抗圈，拮抗现象不明显，木霉可以紧贴牛津杯外缘生长。36 h 的发酵上清液对木霉 29、74 的拮抗效果最佳，抑菌带宽最长，分别达到 16.85、14.23 mm，且最大直径与最小直径相差不大，效果最为明显，见图 5-2，此阶段细菌菌群含量为 7.2×10^{8} CFU/mL。

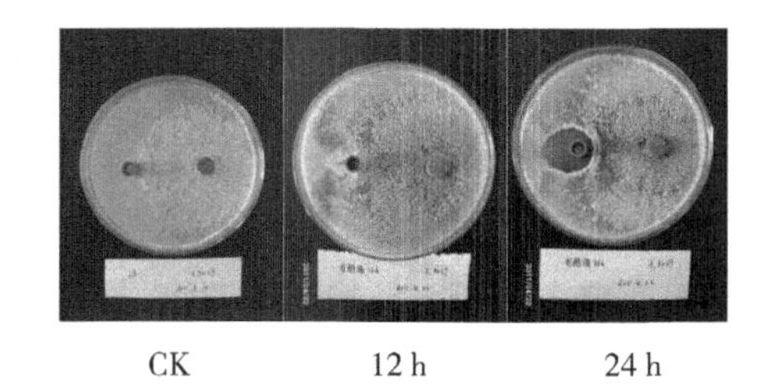

A　　CK　　12 h　　24 h

36 h　　48 h　　60 h　　72 h

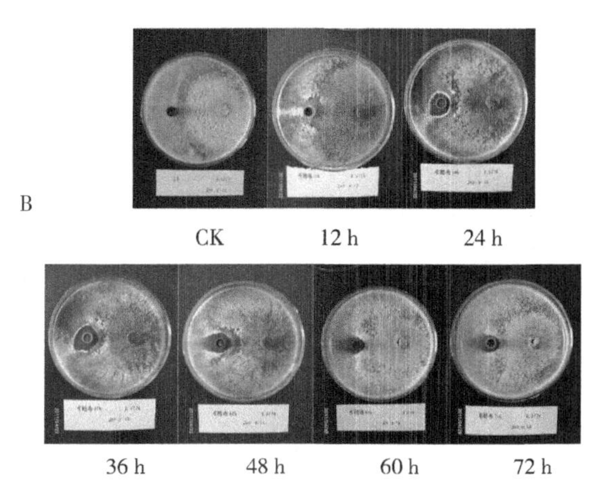

B　　CK　　12 h　　24 h

36 h　　48 h　　60 h　　72 h

图 5-2　不同时间段制备的无菌发酵液对 2 种木霉的抑菌效果

(CK 为没有接入细菌 B10 的 LB 液体培养基

A. 6 个时间梯度的无菌发酵液与木霉 29 的抑菌作用；B. 6 个时间梯度的无菌发酵液与木霉 74 的抑菌作用)

（三）B10 上清液对木霉菌丝生长的影响

B10 的发酵上清液为去除菌体后的无菌发酵液，内含菌株的外分泌物，与 PDA 混合倒入平板，接入 2 种木霉，木霉在适当的条件下培养，以无菌水混合为对照组，对照组的木霉正常生长，3 d 长满整个平板，见图 5-3。而与发酵上清液混合的平板，接种木霉的位置木霉略有生长，木霉经过 3 d 的培养，不再继续扩展，木霉 29、74 在平板中扩展的直径分别是对照组的 17.31%、20.98%，即抑菌率。再继续培养，木霉菌丝转为绿色，菌丝边缘颜色变深，拮抗线明显，说明发酵液中，B10 的外分泌物对木霉有拮抗现象，且抑菌效果非常好。

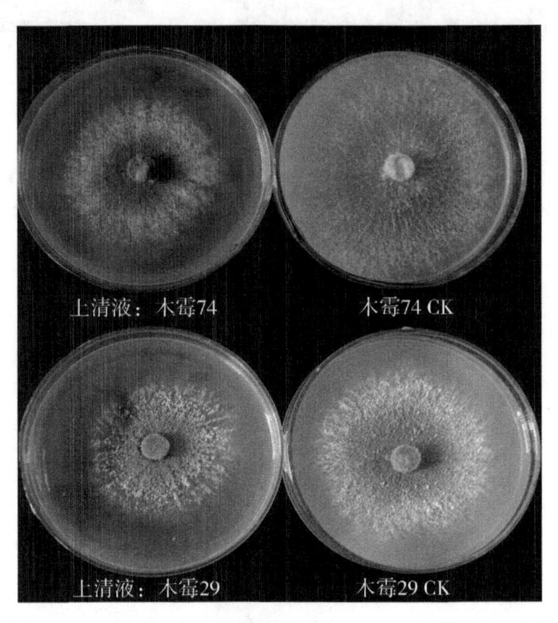

图 5-3　B10 发酵上清液对木霉 29、74 菌丝生长抑制

（四）B10 对食用菌生长的影响

接入死谷芽孢杆菌 B10 培养 24 h 后，形成较大的菌落，本身的生长特性，使得菌落在 7 d 的培养阶段一直保持固有的形态，不在培养基上扩散。香菇菌碟接入 2 d 后菌丝开始萌发，并在培养基上延伸，当香菇菌丝接触到死谷芽孢杆菌时，并没有形成拮抗线，继续培养，菌丝可以覆盖死谷芽孢杆菌菌落，直至长满整个平皿，见图 5-4。

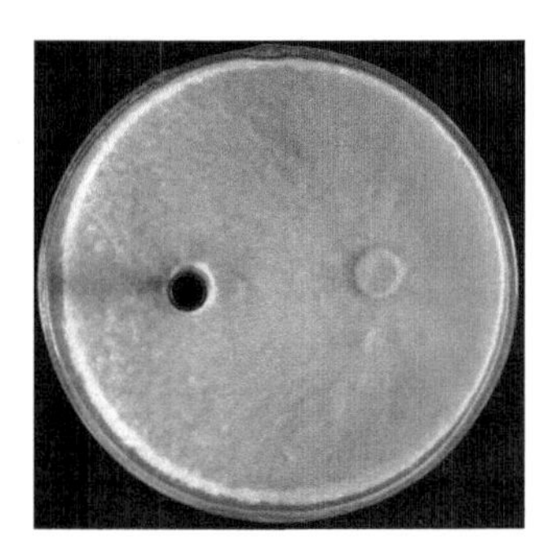

图 5-4 香菇与死谷芽孢杆菌共培养

（五）B10 不同浓度发酵液对木霉、香菇生长的影响

在分别添加有发酵液和发酵上清液的栽培料中，木霉 C 组中添加发酵上清液液 1 mL（W1）的试管 13 d 长满整只试管，香菇组的 CK 对照 21 d 长满整只试管，此时分别测量各组的生长长度，计算平均值，以木霉组 CK 的抑菌率为 0%，各浓度梯度抑菌率见图 5-5A。发酵液 4 mL（F4）的添加量对木霉抑制程度最大，生长长度仅为 4.8 cm；以香菇组 CK 的抑菌率为 0%，各浓度梯度抑制率见图 5-5B。0.5~4 mL 的添加量对香菇 PX18 抑制程度逐渐增大，生长长度最短为 8.83 cm。发酵液中含有 B10 细菌菌体，在栽培料中能够定殖，在接入木霉或者香菇后，B10 本身也在继续繁殖。虽然实验证明，对木霉有抑制作用的脂肽类物质是 B10 胞外分泌物，由于栽培料中 B10 的存在，使 B10 可以不断地产生脂肽类物质，对木霉和香菇的生长还有一定程度的影响，随着发酵液添加量的增大，对木霉的抑制程度较为明显，对香菇的生长速度较 CK 对照有减缓趋势。

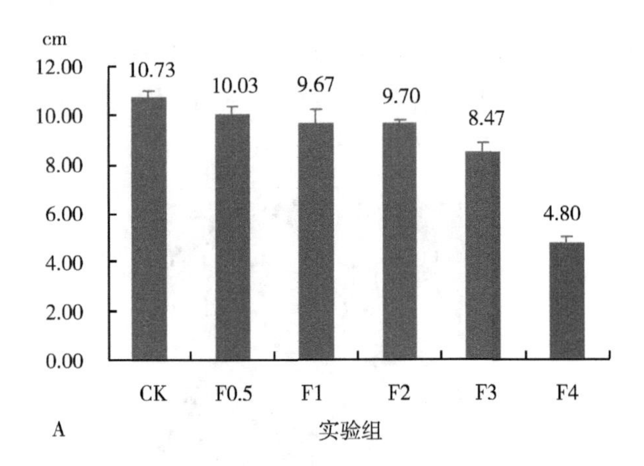

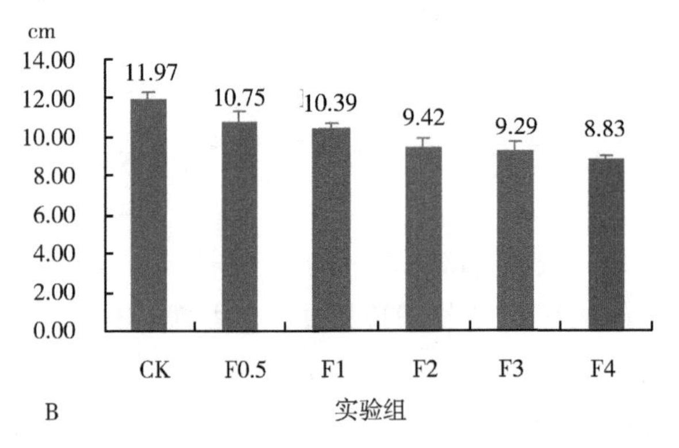

图 5-5　发酵液对木霉和香菇生长的影响

A. 添加发酵液的栽培料中木霉生长统计图；B. 添加发酵液的栽培料中香菇生长统计。

（六）B10 不同浓度发酵上清液对木霉、香菇生长的影响

添加有发酵上清液的试管中（C、D 组），每 100 mL 发酵液含有的脂肽约为 0. 25 g，浓缩至 10 mL，即浓度为 25 mg/mL，大于脂肽类对木霉的最小抑制浓度。计算结果见图 5-6。观察发现，C 组 W0. 5、W1 的木霉比对照组生长快，呈

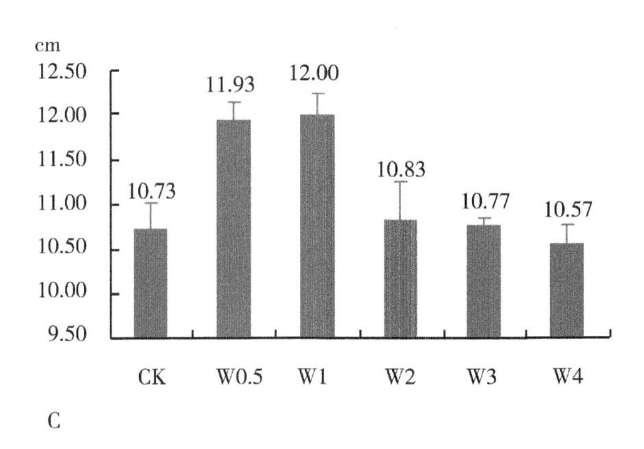

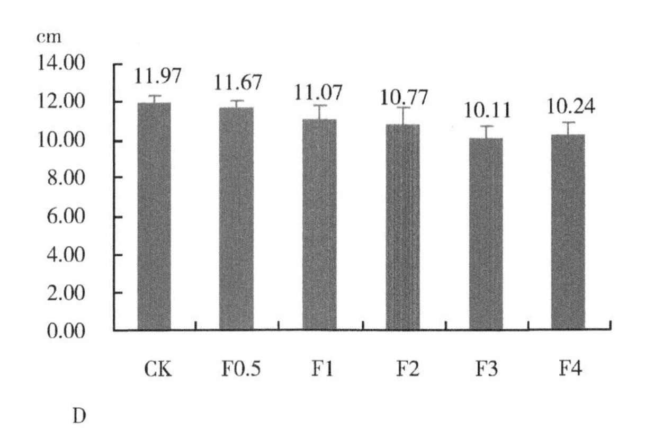

图 5-6　发酵上清液对木霉和香菇生长的影响

C. 添加上清液的栽培料中木霉生度统计；D. 添加上清液的栽培料中香菇生长统计。

现一种促进生长的现象，抑制率在-11%左右，只有 W4 的有了略微的抑制作用。这可能与脂肽类物质在木霉生长的 13 d 里被降解或者由于发酵上清液浓缩过程中，只是减少了含水量，但发酵上清液中依然含有适合微生物生长的碳源和氮源，这也增加了栽培料中的营养成分。由于没有细菌菌体的存在，这部分养分完全留给了木霉利用，从而产生了促进的现象。D 组中，随着上清液浓度的增加，对香菇的抑制也呈梯度影响，香菇与木霉都属于真菌，而细菌对真菌都会有一定的抑制影响。从实验数据来看，细菌所产生的胞外分泌物，即本论文所述的脂肽类粗提物，对香菇产生的影响较小。在相同条件下培养的香菇，在试管中生长的最短长度为 10. 11 cm，并且香菇生长较木霉缓慢。所以，添加到栽培料中的上清液也会随着时间被降解或变为无害的物质，在应用中，有利于食用菌生物防治。

（七）B10 对木霉、香菇的抑制程度分析

发酵液与发酵上清液对木霉和香菇在栽培料中的影响，都是随着浓度的增加而抑制强度增加，见图 5-7。A、B 组相比较，发酵液对木霉和香菇都有不同程度的抑制作用，但对木霉抑制程度比较大；C 组添加上清液的 W0. 5、W1 生长最快，与对照组相比呈现一种促进生长的现象；D 组对香菇的抑制较小，但同时对木霉的抑制效果不理想，所以使用发酵液还是较为理想的应用方向。

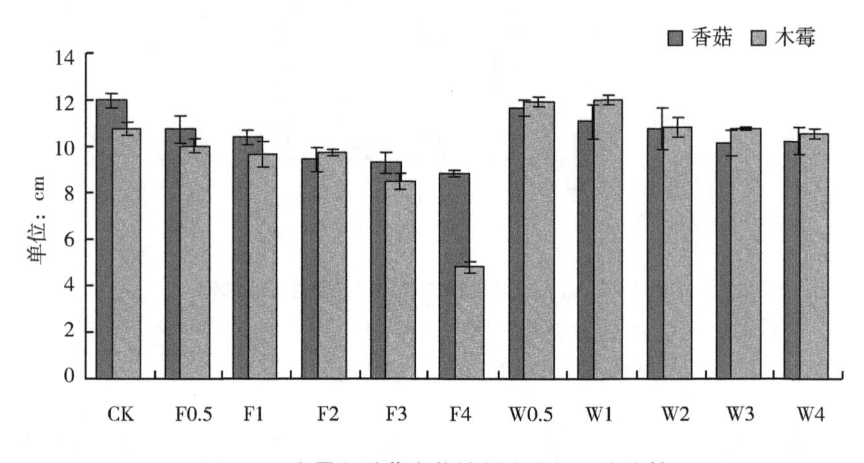

图 5-7　木霉和香菇在栽培料中生长长度比较

通过计算分析，见图 5-8。结合实际生产应用需要，考虑到提取脂肽物质会增加成本，而获取发酵液较为容易，添加 3 mL 的发酵液对木霉和香菇的抑制均为 21%，与其他梯度相比较差异最小；添加 4 mL 的发酵液对木霉抑制程度最大，抑菌率为 55. 3%，对香菇抑制率仅为 26. 2%，比较适合作为应用的添加量，其添

加量占栽培料水分含量的44.4%，占栽培料总重的26.6%。

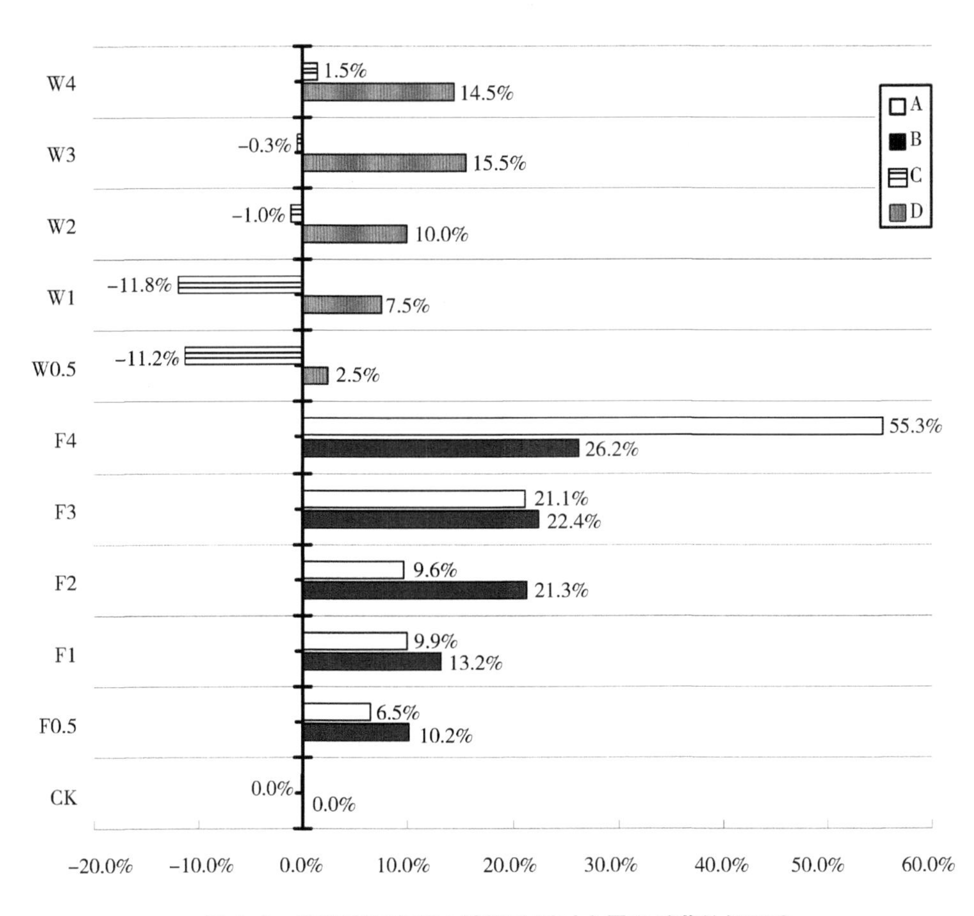

图5-8　发酵液和发酵上清液分别对木霉和香菇的抑制率

四、小结

木霉是国内外食用菌栽培及菌种生产中为害严重的一种真菌性病害，木霉在大多数土壤类型中普遍存在，对许多真菌有拮抗作用（Chet，1987），它不仅具有很强的腐生竞争能力，同时也可寄生于多种食用菌的菌丝上，并产生有毒物质，抑制和消解食用菌的菌丝体。

为了减少杂菌的侵染，农业上常使用农药进行杀灭，而现今发现生物防治效果要优于化学农药，从对生物有害成分的残留来考虑，生物防治将有良好的发展前景。

本试验所用的菌株，其菌体对食用菌栽培袋中的致病菌木霉拮抗效果比较明显，进一步研究发现，发酵上清液具有较强的拮抗作用，36 h 的发酵上清液对木霉 29、74 的抑菌效果最佳，抑菌带宽最长，分别达到 16. 85、14. 23 mm，抑菌效果非常明显。发酵液经过离心、过滤等操作步骤，使得有效成分有所损失，需要加大剂量分 2 次加至 400 μL 才能观察到明显的抑菌圈。36 h 的抑菌现象非常明显，进一步通过发酵上清液对木霉菌丝的抑制试验发现，对木霉 29、74 在平板抑菌率是对照组的 17. 31%、20. 98%。王帅等（2007）报道了枯草芽孢杆菌脂肽类抗生素发酵和提取条件枯草芽孢杆菌 G1 菌株产生脂肽类抗生素的最佳发酵时间仅为 38 h，与本文结论相近。所以在后续研究中，使用 36 h 发酵液即可。

目前，在食用菌生产过程中，绿色木霉等杂菌的防治主要采用化学杀菌剂，但化学药剂防治杂菌，不但易造成环境污染，而且防治效果并不十分理想（罗宽等，1990）。微生物制剂在食用菌栽培中的成功应用还很少，防治应用研究尚处于起步阶段，有待进一步深入。

实际生产过程中，木霉的侵染主要来源于栽培料灭菌的不彻底，木霉的萌发多数由于存在木霉孢子，且木霉的生长速度较香菇快，木霉如果大量繁殖，就会影响香菇对栽培料的利用率。实验表明，起抑制作用的是 B10 的胞外分泌物，且在常温环境中性质稳定。在初探研究中，为了降低提取粗提物的成本和产品的简易使用，所以选择直接利用 B10 发酵液进行试验。虽然发酵液对香菇的生长有一定的影响，因为香菇是一种大型真菌，木霉也是真菌，所产生的抑菌物质会影响真菌菌丝的生长，破坏细胞壁的生成，但从栽培料试验观察，发酵液中的 B10 菌体在栽培料中能够定殖，接入木霉或者香菇后，一定程度上还在繁殖。然而，栽培料配方不适合 B10 大量生长，不能与木霉、香菇形成生长期内的竞争关系，而细菌前期生长过程继续产生脂肽类物质，对木霉的抑制程度较为明显。只要 B10

添加合适的量，如本文研究结果中，36 h 发酵液占栽培料中水分的44.4%，占栽培料总重的26.6%，即可在前期抑制木霉孢子的萌发及菌丝的生长，待香菇菌丝复壮、发菌、开始吃料，保持较高的生长能力时，B10 产生的脂肽类抑菌物质对香菇的抑制效果会逐渐减弱，这样即可有效地抑制木霉，也会降低对香菇产量的影响，从而达到生物防治的效果。

第二节　林下参内生球毛壳菌 SF-01 对人参病原真菌的生防研究

一、材料与方法

（一）材料

1. 供试菌株

球毛壳菌 SF-01 菌株 由中国农业科学院特产研究所实验室提供（周春元等，2019）。人参黑斑病菌（*Alternaria panax*）、人参菌核病菌（*Sclerotinia schinseng*）、人参灰霉病菌（*Botrytis cinerea*）、人参立枯病菌（*Rhizoctonia solani*）、人参根腐病菌（*Fusarium solani*）由吉林农业大学植物保护学院植物病理教研室提供。

2. 供试培养基

PDA 培养基：马铃薯 200 g，葡萄糖 20 g，琼脂 20 g，蒸馏水1 000 mL。

PD 液体培养基：马铃薯 200 g，葡萄糖 20 g，蒸馏水1 000 mL。

3. 仪器与设备

HZQ-F160 振荡培养箱（哈尔滨市东联生化仪器有限公司）；PL4002 精密电子天平（梅特勒-托利多仪器有限公司）；BMJ 霉菌培养箱（上海博迅实业有限公司医疗设备厂）；SW-CJ-IFD 洁净工作台（苏净集团苏州安泰空气技术有限公司）；LDZX-30KBS 立式压力蒸汽灭菌器（上海申安医疗器械厂）；Nikon TS 倒置相差显微镜（日本尼康公司）；PL4002 电子天平，梅特勒—托利多仪器上海有限公司。

（二）方法

1. 球毛壳菌 SF-01 与人参病原菌平板对峙培养

将保存的球毛壳菌 SF-01 菌株和供试人参病原菌菌株分别转接到 PDA 平板上，于 25℃黑暗条件下恒温培养 7 d 后，用 5 mm 打孔器在菌落边缘打取菌饼。采用两点对峙平板培养法，将人参病原菌菌饼分别接种于 PDA 平板一侧，距离人参病原菌菌饼 1 cm 处接入球毛壳菌菌饼，同时以只接种人参病原菌的平板为对照（CK），每个处理重复 3 次，置于 25℃黑暗条件下恒温培养 7 d，观察记录结果并拍照（刘彩云等，2015），按照下列公式计算抑制率：

$$T=(Rc-Rp)/Rc\times100\%$$

式中：T 为抑菌率；Rc 为只接种人参病原菌菌落生长直径平均值；Rp 为对峙培养人参病原菌菌落生长直径平均值。

2. 球毛壳菌 SF-01 发酵液对人参病原菌的抑制作用

（1）发酵液的制备

将保存的球毛壳菌 SF-01 菌株在 PDA 平板上活化 7 d 后，在无菌的条件下，用 5 mm 打孔器打取 10 个菌饼，转接到装有 100 mL PD 液体培养基的 250 mL 锥形瓶中，于黑暗条件下 25℃、120 r/min 转速恒温摇床上振荡培养 7 d，无菌条件下，将培养的菌液经灭菌的双层纱布过滤除去菌丝，滤液经 5 000 r/min 离心 15 min去除沉淀，上清液经孔径为 0.22 μm 的细菌过滤器过滤得到球毛壳菌 SF-01 无菌发酵液，置于冰箱（4℃）中保存备用（宋勇等，2018）。

（2）发酵液对人参病原菌菌丝生长的抑制作用

吸取 2 mL 制备好的发酵液，加入 40～45℃的 PDA 平板中，混匀，以加入 2 mL无菌水的平板作对照，将人参病原菌菌饼接种于平板中央，置于 25℃恒温培养箱中培养，培养 7 d 后采用十字交叉法测量菌落生长直径（方中达，1998），按照下列公式计算抑制率：

$$T=(Rc-Rp)/Rc\times100\%$$

式中：T 为抑菌率；Rc 为无菌水处理平板中人参病原菌菌落生长直径平均值；Rp 为发酵液处理平板中人参病原菌菌落生长直径平均值。

（3）球毛壳菌 FS-01 孢子悬浮液对人参病原菌的抑制作用

将球毛壳菌菌株在恒温培养箱中培养 7d 后，用灭菌针刮取分生孢子，加入无菌水配置成孢子悬浮液，用血球计数的方法将溶液配成浓度为每毫升 1×10^7 个孢子悬浮液母液，随后将母液倍比稀释（1∶10、1∶10^2、1∶10^3、1∶10^4），稀释成每毫升 1×10^6、1×10^5、1×10^4、1×10^3 个不同浓度的孢子悬浮液。吸取 1 mL 制备好的悬浮液，加入 40~45℃的 PDA 平板中，混匀，以加入 1 mL 无菌水的平板作对照，将人参病原菌菌饼接种于平板中央，置于 25℃恒温培养箱中培养，培养 7 d 后采用十字交叉法测量菌落生长直径（索相敏等，2018），按照下列公式计算抑制率：

$$T=(Rc-Rp)/Rc\times100\%$$

式中：T 为抑菌率；Rc 为无菌水处理平板中人参病原菌菌落生长直径平均值；Rp 为孢子悬液处理平板中人参病原菌菌落生长直径平均值。

二、结果与分析

（一）球毛壳菌 SF-01 菌丝对人参病原菌的抑制作用

由表 5-3 可以看出，球毛壳菌 SF-01 菌丝对人参病原菌均有不同程度的抑制作用。其中，对人参黑斑病菌的抑制作用最高，为 30.80%，其次是人参立枯病菌、人参菌核病菌、人参根腐病菌，抑制率分别为 24.37%、21.39% 和 19.07%，对人参灰霉病菌抑制率最小，为 18.53%。当球毛壳菌 SF-01 菌丝与人参病原菌菌丝对峙培养 7 d 时，均会产生抑制区域，球毛壳菌 SF-01 菌丝与人参菌核病菌和人参灰霉病菌培养，产生的抑制区域明显，与人参黑斑病菌、人参立枯病菌和人参根腐病菌培养，产生的抑制区域不太明显（图 5-9）。

表 5-3　球毛壳菌 SF-01 菌丝对人参病原菌生长的抑制作用

人参病原菌（*Ginseng pathogen*）	生长直径（mm）	抑制率（%）
人参黑斑病菌（*Alternaria panax*）	42. 11±2. 58	30. 80
CK	60. 94±5. 36	
人参菌核病菌（*Sclerotinia schinseng*）	43. 52±3. 67	21. 39
CK	55. 36±7. 35	
人参立枯病菌（*Rhizoctonia solani*）	37. 18±1. 59	24. 37
CK	49. 16±2. 61	
人参灰霉病菌（*Botrytis cinerea*）	45. 23±2. 57	18. 53
CK	55. 52±2. 68	
人参根腐病菌（*Fusarium solani*）	46. 38±2. 56	19. 07
CK	57. 31±2. 78	

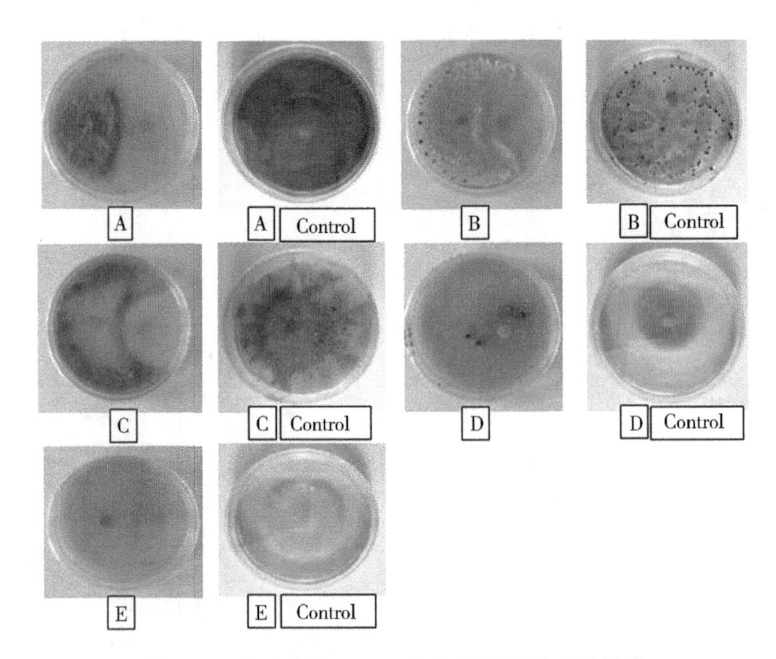

图 5-9　球毛壳菌 SF-01 与人参病原菌对峙培养

A. 球毛壳菌 SF-01 与人参黑斑病菌对峙培养；B. 球毛壳菌 SF-01 与人参菌核病菌对峙培养；C. 球毛壳菌 SF-01 与人参灰霉病菌对峙培养；D. 球毛壳菌 SF-01 与人参立枯病菌对峙培养；E. 球毛壳菌 SF-01 与人参根腐病菌对峙培养。

(二) 球毛壳菌 SF-01 发酵液对人参病原菌的抑制作用

由表 5-4 可以看出，球毛壳菌 SF-01 发酵液对人参病原菌均有不同程度的抑制作用。其中，对人参灰霉病菌的抑制作用最高，为 82.09%，其次是人参菌核病菌、人参黑斑病菌和人参立枯病菌，抑制率分别为 76.83%、74.04% 和 73.88%，对人参根腐病菌抑制率最小，为 69.22%。在球毛壳菌 FS-01 发酵液平板上，人参病原菌菌落被包围（图 5-10）。

表 5-4　球毛壳菌 SF-01 发酵液对人参病原菌生长的抑制作用

人参病原菌（*Ginseng pathogen*）	生长直径（mm）	抑制率（%）
人参黑斑病菌（*Alternaria panax*）	16.14±2.37	74.04
CK	62.18±3.16	
人参菌核病菌（*Sclerotinia schinseng*）	13.29±6.32	76.83
CK	57.36±5.19	
人参灰霉病菌（*Botrytis cinerea*）	10.12±2.18	82.09
CK	56.52±3.21	
人参立枯病菌（*Rhizoctonia solani*）	12.58±2.75	73.88
CK	48.16±3.41	
人参根腐病菌（*Fusarium solani*）	17.27±2.17	69.22
CK	56.11±3.46	

(三) 球毛壳菌 SF-01 孢子悬浮液对人参病原菌的抑制作用

当孢子悬浮液浓度为每毫升 1×10^7 个时，球毛壳菌 SF-01 孢子悬浮液对人参病原菌均有不同程度的抑制作用。其中，对人参黑斑病菌的抑制作用最高，为 83.72%，其次是人参灰霉病菌、人参立枯病菌和人参菌核病菌，抑制率分别为

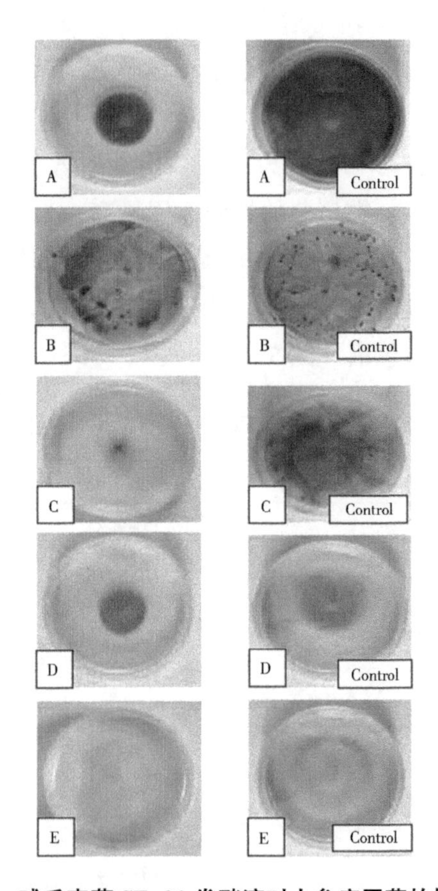

图 5-10 球毛壳菌 SF-01 发酵液对人参病原菌的抑制作用

A. 球毛壳菌 SF-01 发酵液与人参黑斑病菌对峙培养（反面）；B. 球毛壳菌 SF-01 发酵液与人参菌核病菌对峙培养（反面）；C. 球毛壳菌 SF-01 发酵液与人参灰霉病菌对峙培养（反面）；D. 球毛壳菌 SF-01 发酵液与人参立枯病菌对峙培养（反面）；E. 球毛壳菌 SF-01 发酵液与人参根腐病菌对峙培养（反面）。

81.99%、76.19%和 68.77%，对人参根腐病菌抑制率最小，为 62.19%（表 5-5）。在球毛壳菌 SF-01 孢子悬浮液平板上，人参病原菌菌落被包围（图 5-11）。

表 5-5　球毛壳菌 SF-01 孢子悬浮液对人参病原菌生长的抑制作用

人参病原菌（*Ginseng pathogen*）	生长直径（mm）	抑制率（%）
人参黑斑病菌（*Alternaria panax*）	10. 12±3. 26	83. 72
CK	62. 18±3. 16	
人参菌核病菌（*Sclerotinia schinseng*）	18. 15±2. 18	68. 77
CK	58. 12±3. 58	
人参灰霉病菌（*Botrytis cinerea*）	10. 32±1. 27	81. 99
CK	57. 31±1. 37	
人参立枯病菌（*Rhizoctonia solani*）	11. 23±2. 69	76. 19
CK	47. 16±7. 52	
人参根腐病菌（*Fusarium solani*）	21. 28±3. 52	62. 19
CK	57. 36±1. 29	

三、小结

目前五氯硝基苯、噁霉灵、多菌灵、咯菌腈、代森锰锌、多抗霉素、丙环唑、嘧菌酯等多种化学农药已被广泛用于防治人参病害，但研究表明，人参病原菌对以上农药逐渐产生了抗药性（Saito 等，2016），亟须寻求新的防治人参病害的方法，以减缓病原菌抗药性的产生。内生菌生存在植物体内，有稳定的生存空间，可以长期地定殖于植物体内，不易受外界环境条件的影响，与病原菌可以直接互作，是一类重要的生防菌资源（Aly 等，2011）。

球毛壳菌（*Chaetomium globosum*）是毛壳菌中研究最早的生防菌（Martin 等，1995），具有产生抑菌物质的能力（Soytong 等，2001），广泛应用于病害的防治。印容等（2016）研究表明，球毛壳菌（*Chaetomium globosum*）产生的鞘氨醇类物质，对油菜根肿菌具有较强的抑制作用，LAN 等（2011）从油菜中分离到的内生球毛壳菌 YY-11 在平板对峙试验中，对油菜菌核病菌（*Sclerotinia sclerotiorum*）、立枯丝核菌（*Rhizoctonia solani*）、棉花立枯菌（*Rhizotonia solani*）、棉

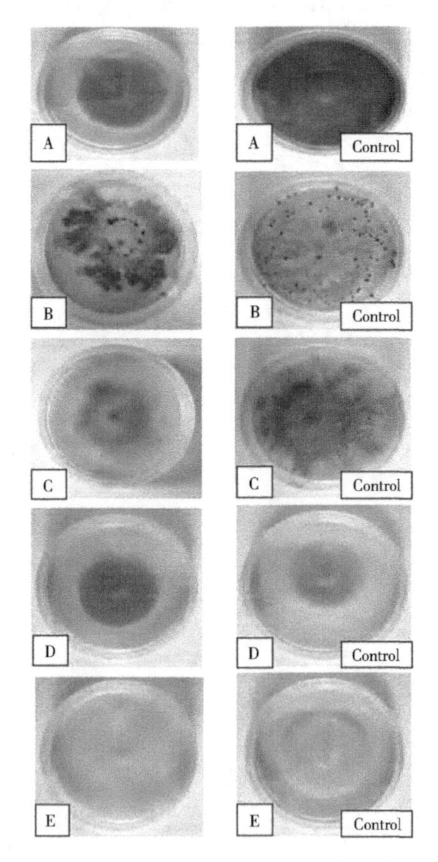

A. 球毛壳菌 SF-01 孢子悬浮液与人参黑斑病菌对峙培养（反面）；B. 球毛壳菌 SF-01 孢子悬浮液与人参菌核病菌对峙培养（反面）；C. 球毛壳菌 SF-01 孢子悬浮液与人参灰霉病菌对峙培养（反面）；D. 球毛壳菌 SF-01 孢子悬浮液与人参立枯病菌对峙培养（反面）；E. 球毛壳菌 SF-01 孢子悬浮液与人参根腐病菌对峙培养（反面）。

图 5-11　球毛壳菌 SF-01 孢子悬浮液对人参病原菌的抑制作用

花枯萎病菌（*Fusarium oxysporum*）、油菜白斑病菌（*Cerosphorella albo-maculans*）、油菜黑斑病菌（*Alternaria brassicae*）、油菜灰霉病菌（*Botrytis cinerea*）、小麦赤霉菌（*Fusarium graminearum*）都有抑制作用。本研究以实验室前期获得的优势菌株球毛壳菌 SF-01 为材料，通过内生菌菌丝对峙培养，发酵液和孢子悬浮液抑菌试验，研究了其对 5 种人参病原菌的抑制作用。研究结果表明：球毛壳菌 SF-01 菌株对 5 种人参病原菌均有不同程度的抑制效果，具有广谱性，可作为一种潜在的人参病害生物农药。但是，内生真菌球毛壳菌 SF-01 在活体上对病原菌的抑制能力是否与体外一致，以及抑菌机制、菌株发酵液中抗菌物质的活性成分和化学结构还有待进一步深入研究。

第三节　人参黑斑病菌内生真菌的生防研究

一、材料与方法

供试植物健康的人参叶片采自吉林省集安市人参产区。

供试病原菌人参黑斑病菌为本实验室保存的菌种。

1. 供试培养基

马铃薯葡萄糖琼脂（PDA）培养基：马铃薯 200 g，葡萄糖 20 g 和琼脂粉 20 g，定容至1 000 mL。

马铃薯葡萄糖（PD）培养基：马铃薯 200 g，葡萄糖 20 g，定容至1 000 mL。

2. 试剂与仪器

真菌基因组提取试剂盒，北京康为世纪生物科技有限公司；真菌通用引物 ITS1 和 ITS4 由上海生工科技有限公司合成；DYY-6C 电泳仪（北京六一生物科技有限公司）；美国伯乐 Biorad GelDoc XR 型凝胶成像系统；Nikon TS 倒置相差显微镜（日本尼康公司）。

3. 内生真菌发酵液的抑菌特性试验

将筛选到的生防菌在 PDA 平板上活化，刮取菌组织接入 PD 培养基中，于 25℃，120 r/min 振荡培养 7 d，培养的菌液经无菌滤膜过滤除去菌丝，得到的发酵液分成 2 份，1 份用高压灭菌锅进行灭菌处理，1 份未做任何处理。以人参黑斑病菌为指示菌，采用菌落直径法测定上述发酵液的抑菌特性。采用菌落直径法：将筛选出的灭菌和未灭菌生防菌发酵液分别与冷却至45℃的PDA培养基以1：2的体积比混合，制成含生防菌发酵液的PDA，平板，接种直径5 mm的指示菌菌饼于平板中央，置于光照培养箱中于25℃，12 h光照下培养7 d，对照为不含发酵液的PDA平板。根据对照组和处理组PDA平板上指示菌的菌落直径大小，分别计算灭菌和未灭菌发酵液的抑菌率，每个处理重复3次。

二、结果与分析

FS-01菌株发酵液在未灭菌和灭菌情况下对人参黑斑病菌均可产生抑菌圈，菌落直径法测定的灭菌的FS-01菌株发酵液对人参黑斑病菌的抑菌率为(13.94±0.21)%，未灭菌的FS-01菌株发酵液对人参黑斑病菌的抑菌率为(41.62±0.17)%。

三、小结

本研究筛选的FS-01菌株对人参黑斑病菌具有很好的抑制作用，是一种极具研发潜力的生防内生真菌，但其产生溶菌作用的机制还有待进一步研究，以促进其生产研发应用。

第四节　细辛叶枯病生防细菌的生防研究

一、材料与方法

1. 供试样品

供试病原菌：从辽宁省新宾县细辛种植区叶枯病发病田采集发病叶片，经本实验室分离、鉴定，确定为细辛叶枯病病原菌——槭菌刺孢（*M. acerina*）。

供试土样：从辽宁省新宾县细辛种植区采集细辛健康植株的根际土，采用抖落法（李春俭，2008），取与根系紧密结合，不易抖落的土壤作为根际土。

供试细辛植株：三年生北细辛 *A. heterotropoides* Fr. Schmidt var. *mandshuricum*（Maxim.）Kitag. 植株。

供试培养基：PDA 培养基，NA 培养基，LB 肉汤培养基。

2. 试剂与仪器

细菌通用引物由上海生工科技有限公司合成；DYY-6C 电泳仪（北京六一生物科技有限公司）；美国伯乐 Biorad GelDoc XR 型凝胶成像系统；Nikon TS 倒置相差显微镜（日本尼康公司）。

3. 拮抗菌的抗菌作用

采用平板对峙法（方中达，1998）。打取直径 5 mm 的叶枯病病原菌菌饼（PDA 培养基）接种于 PDA 平板中央，在平板的 3 个对称角点，距离中央约 2.5 cm的位置划线接种拮抗细菌进行对峙培养，只接种病原菌菌饼的平板为对照组，采用十字交叉法测量单独培养的细辛叶枯病菌菌落半径和对峙培养的菌落的趋向半径，计算抑菌率；测量拮抗菌的菌落边缘到病原菌菌落边缘的抑菌带宽度，作为抑菌效果的参考。每个处理重复 3 次，25℃恒温培养 7 d，查看对峙效果。

抑菌率=（对照菌落纯生长量-处理菌落纯生长量）/对照纯生长量×100%

4. 拮抗菌发酵液的抗菌作用

采用发酵液抑菌试验。将初筛得到的抑菌效果较好的菌株活化后分别接种至灭菌的 LB 肉汤培养基中，180 r/min、28℃恒温振荡培养 48 h，将得到的拮抗菌发酵液经无菌滤膜过滤去除菌体，分别与冷却至 45℃的 PDA 培养基按照 1∶4 混匀，制成含有拮抗菌发酵液的固体平板。将细辛叶枯病菌饼（直径 5 mm）接种至含发酵液平板的中央，置于 22℃恒温箱中，倒扣培养 7 d，以不含拮抗菌发酵液的 PDA 平板为对照组，每个处理重复 3 次。其间观测菌株生长，十字交叉法测量菌落直径，计算抑菌率。

抑菌率=（对照组菌落直径-处理组菌落直径）/（对照组菌落直径-菌饼直径）×100%。

5. 数据统计分析

采用 Microsoft Office Excel 2010 进行试验数据统计和作图，用 SAS 9.2 软件对数据进行单因素方差分析（$P<0.05$）。

二、结果与分析

1. 拮抗细菌发酵液的抗菌活性

对初步筛选的 18 个拮抗细菌菌株进行发酵液抗菌作用研究，试验结果表明，对叶枯病菌拮抗效果较好的菌株有 4 株，其中 S2-31 菌株发酵液的抑菌效果最好，抑菌率为（60.56±0.09）%显著高于其余菌株；其他 17 个菌菌株发酵液的抑菌率均在 50%以下，拮抗效果较差（图 5-12）。综合分析拮抗菌抑菌和拮抗菌发酵液抑菌的抑菌率和抑菌效果（图 5-13），S2-31 菌株均表现出最强的拮抗作用，因此，选择 S2-31 菌株作为细辛叶枯病的拮抗细菌进行后续研究。该菌种保存于中国微生物菌种保藏管理委员会普通微生物中心，编号为 CGMCCNo. 18015。

2. 拮抗菌 S2-31 对病原菌菌丝生长的影响

经显微镜下观察发现，与正常生长的菌丝相比，经 S2-31 菌株对峙培养后的叶枯病病原菌，两菌交界的菌落边缘处出现了菌丝熔断、缢缩以及产生大量厚垣孢子等现象，表明拮抗菌 S2-31 菌株对细辛叶枯病病原菌的生长具有明显的抑制作用（图 5-13）。

3. 盆栽防治效果的测定

于接种叶枯病菌后 3 d、5 d、7 d 分别进行防效统计，接种后 3 d 侧孢短芽孢杆菌的防效最高为 79.87%，第 5 天为 71.45%，第 7 天仍达到 66.82%（表 5-6）。处理组细辛叶片病斑面积小，只局限在穿孔附近 1～2 mm，对照组细辛叶片病斑面积大，且有些相邻病斑蔓延、连接成为大病斑，叶枯病的发病程度高于 S2-31 处理组（图 5-14）。说明侧孢短芽孢杆菌可以降低叶枯病的病情指数，控制病情的发展。

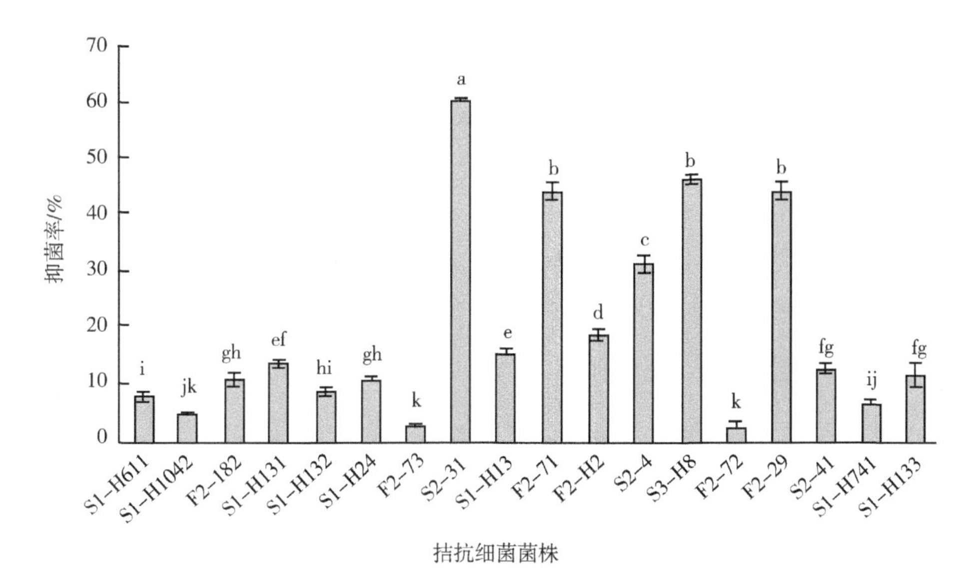

图 5-12　不同拮抗细菌发酵液抑菌效果

不同字母表示差异显著（*P*<0.05）。

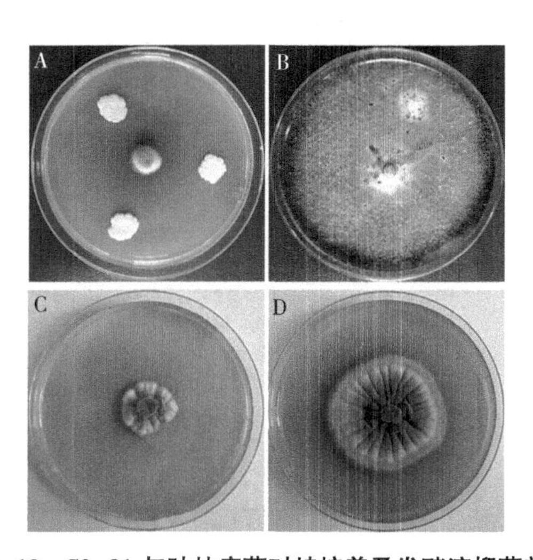

图 5-13　S2-31 与叶枯病菌对峙培养及发酵液抑菌效果

A、B. S2-31 与叶枯病菌对峙培养和对照；C、D. S2-31 发酵液抑菌和对照。

表 5-6　侧孢短芽孢杆菌 S2-31 在盆栽细辛上的防效

处理	3 d		5 d		7 d	
	病情指数	防效（%）	病情指数	防效（%）	病情指数	防效（%）
S2-31	6.17	79.87	17.40	71.44	25.93	66.82
CK1	30.67	—	60.93	—	78.14	—
CK2	0	—	0	—	0	—

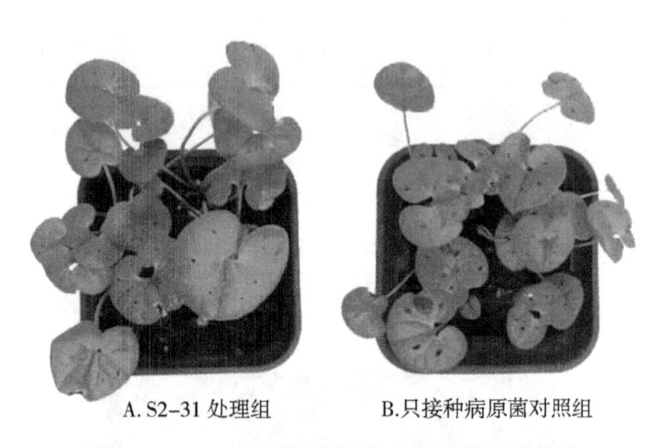

A. S2-31 处理组　　B.只接种病原菌对照组

图 5-14　S2-31 对细辛叶枯病的活体防治效果

三、小结

细辛是我国传统常用中药材，病害防治应采用生态安全的方法，才能保障临床用药的安全。生物防治具有安全、特异性强、无毒等特点，在药用植物病害防治上具有明显的优势，已成为药用植物病害防治的重要研究领域（邢晓科，2018），但细辛叶枯病的生物防治尚未见报道。本研究筛选出的侧孢短芽孢杆菌对细辛叶枯病具有较好防治效果，其作为最具生防潜力的菌株之一，发挥生物防治作用的同时还能起到促进植株的生长的作用（Zhang et al.，2001），有巨大的应用价值和研究前景，已成为当前研究的热点。其生防机制主要包括：产生多种具有抗菌活性的代谢产物，如抗生素、酶类、芽孢菌胺、聚酮类等；诱导植株产生系统抗病性（李蔚等，2016）和营养竞争作用（郝楠等，2017）。研究表明，其产生的蛋白酶、几丁质酶、抗菌肽等外泌蛋白对立枯丝核菌（*Rhizoctonia solani*）、尖孢镰刀菌（*Fusarium oxysporum*）、木贼镰刀菌（*F. equiseti*）以及小麦赤霉病菌（*Gibberella sanbinetti*）、水稻稻瘟病（*Magnaporthe grisea*）和辣椒疫霉菌（*Phytophthora capsici*）等多种植物病原菌都有广谱抑菌作用（张楹，2006；Prasanna，et al.，2013；Zhao 等，2012；杜春梅等，2007）。另外，在发酵过程中产生的侧孢菌胺，对革兰氏阴性菌和革兰氏阳性菌均有抑制作用（Shoji 等，1976）。张丹等（2017）通过侧孢短芽孢杆菌的体外抑菌实验研究发现，侧孢短芽孢杆菌 S62-9 为优势菌时，通过营养竞争的作用抑制了藤黄微球菌和大肠杆菌的生长；当 2 株致病菌为优势菌时，随着侧孢短芽孢杆菌抗菌肽的产生，藤黄微球菌和大肠杆菌的活菌数开始下降至消亡。诱导抗病性是生物防治的重要机制之一，李蔚等（2016）研究发现，经侧孢短芽孢杆菌 B8 的抗菌蛋白处理后的辣椒，植株体内产生 PR 蛋白，表明侧孢短芽孢杆菌可诱导辣椒系统抗病性的产生。王颢潜（2015）发现了侧孢短芽孢杆菌 A60 中的激发子 PeBL1，并揭示了 PeBL1 通过诱导活性氧暴发、酚类物质和木质素积累等激活了烟草的系统抗病性。

侧孢短芽孢杆菌生长过程的各个阶段均可产生相应的毒力因子，加之活菌自身的竞争作用以及诱导抗病性的作用，使其在植物病害防治领域有巨大的应用价值，如开发侧孢短芽孢杆菌的复合微生物肥料，用来进行抗菌、抗病、土壤改良以及促进植物生长等。但侧孢短芽孢杆菌在实际应用过程中尚存在一些问题：生产中发酵产量偏低的瓶颈问题亟待解决；以活菌作为制剂时，繁殖和防治效果均会受到环境因素的影响，导致防效不稳定；以及施用后是否会影响其占据的生态平衡。为解决生产中存在的问题，在侧孢短芽孢杆菌的应用研究中，可以根据不同生物、环境针对性的研制专用菌剂，提高其稳定性；以及通过基因工程技术等方法进行菌株的改良，以提高代谢物的产量。

开展侧孢短芽孢杆菌 S2-31 菌株对叶枯病菌的抑菌机制和诱导细辛植株系统抗病性作用的研究，并针对侧孢短芽孢杆菌目前存在的问题，在细辛叶枯病生防制剂的开发和应用方面进行深入的研究，促进侧孢短芽孢杆菌菌剂的开发和在细辛叶枯病生物防治上的利用。

第六章　结论与讨论

本研究以吉林省、辽宁省食用菌及药用植物实际生产中发现的细菌、真菌为研究对象，这些菌株是在被致病菌侵染的食用菌菌袋和药用植物栽培生产中，产生的明显拮抗现象的菌株。经过挑取、分离、纯化，观察表面特征发现：菌落和菌丝形态，边缘是否粗糙，表面是否隆起、褶皱，颜色，菌落是否透明，菌丝颜色，鉴定种属；并通过分子生物学鉴定结合生理生化特征、防效研究和相关学术报道，鉴定出 4 种生防菌分别为筛选出防治木霉菌株 B10，作为很好生防菌的候选内生菌株，从健康林下参叶片中筛选出 1 株内生拮抗真菌 FS-01 菌株，经鉴定为球毛壳菌（*Chaetomium globosum*）；通过拮抗菌抑菌试验和发酵液抑菌试验，从健康植株的根际菌群筛选出抑菌活性最高的菌株 S2-31，其活菌和发酵产物均可以明显抑制叶枯病病原菌菌丝的正常生长，经形态学和 16 SrDNA 序列分析鉴定为侧孢短芽孢杆菌。

芽孢杆菌是一个多样性十分丰富的微生物类群，分布广泛，其抑制植物病原菌的范围很广，包括根部、叶部、枝干、花部和收获后果实等多种病害，是一种理想的生防微生物。芽孢杆菌（*Bacillus*）是一类好氧型、内生抗逆孢子的杆状细菌，广泛存在于土壤、湖泊、海洋和动植物的体表，自身没有致病性，能产生多种外分泌蛋白。在生长条件不适宜时，芽孢杆菌停止生长，同时加快代谢作用，产生多种大分子的水解酶和抗生素，并诱导自身的能动性和趋化性，从而恢复生长。在极端的条件下，还可以诱导产生抗逆性很强的内源孢子。正是由于枯草芽孢杆菌无致病性，并可以分泌多种酶和抗生素，而且还具有良好的发酵培养基础，所以用途十分广泛。

从本研究结果来看，死谷芽孢杆菌对食用菌的侵染菌木霉有较强的抑制作用，其抑制机理是来自芽孢杆菌外分泌的脂肽类物质，该物质的粗提成分可能包含几丁质酶等酶类（崔云龙等，1995；谢栋等，1998；唐文华，1996）、伊枯草菌素等抗菌肽（刘颖等，1999；黎起秦等，2000；Deleu et al.，2005；John，1994）。理化性质的实验可以确定所选用的死谷芽孢杆菌对木霉的抑制效果良好，20 mg/mL的粗提物含量即可对木霉产生 62.8%以上抑制效果，而且温度、紫外、酸碱度对活性影响小，常温环境中性质比较稳定。从理论上奠定了食用菌生产防治应用的基础。

实际生产过程中，木霉的萌发多数由于栽培料中存在木霉孢子，尤其在生料栽培中，且木霉的生长速度较香菇快，木霉如果大量繁殖，就会影响香菇对栽培料的利用率。实验表明，起抑制作用的是 B10 的胞外分泌物，且在常温环境中性质稳定。在初探研究中，为了降低提取粗提物的成本和产品的简易使用，所以选择直接利用 B10 发酵液进行试验。虽然发酵液对香菇的生长有一定的影响，因为香菇是一种大型真菌，木霉也是真菌，所产生的抑菌物质会影响真菌菌丝的生长，但从栽培料试验观察，发酵液中的 B10 菌体在栽培料中能够定殖，接入木霉或者香菇后，一定程度上还在繁殖。然而，栽培料配方不适合 B10 大量生长，不能与木霉、香菇形成生长期内的竞争关系，而细菌前期生长过程继续产生脂肽类物质，对木霉的抑制程度较为明显。只要 B10 添加合适的量，如本文研究结果中，36 h 发酵液占栽培料中水分的 44.4%，占栽培料总重的 26.6%，在前期抑制住木霉孢子的萌发及菌丝的生长，待香菇菌丝复壮、发菌、开始吃料，保持较高的生长能力时，芽孢杆菌产生的脂肽类拮抗物质对香菇的抑制效果会逐渐减弱。这样即可有效地抑制木霉，也会降低对香菇产量的影响，从而达到生物防治的效果。

芽孢杆菌作为生防菌多数应用是使用可湿性粉剂，通过发酵、吸附固定，制成的粉剂，添加这种菌剂，不仅经济实用，而且所占物料比会更少，在生料栽培中使用其拌料比单纯添加发酵液更加经济，未来在栽培料中的添加量还需要进一步研究。

本研究从健康林下参叶片中筛选出 1 株内生拮抗真菌 SF-01 菌株，经鉴定为球毛壳菌（*Chaetomium globosum*），在最佳培养基成分和发酵条件下，该内生拮抗真菌对人参黑斑病的抑菌率为92.65%。

球毛壳菌隶属于子囊菌亚门、毛壳菌科、毛壳属真菌，广泛分布于空气、土壤等多种自然环境中，也是常见的植物内生真菌。该属能产生生物活性的次级代谢产物（FATIMA N等，2016），如球毛壳素类、鞘氨醇、嗜氮酮类等，具有促生、抑菌、抗病毒等生物活性（徐国波等，2018）。球毛壳菌是毛壳属中的重要菌群，存在于各种植物体内，对植物病害起潜在的生防作用。LAN等（2011）从油菜幼苗中分离出的球毛壳菌对4种油菜病原菌有不同程度的抑制作用；岳会敏等（2009）发现，球毛壳菌对5种植物病原菌有明显的抑制作用，主要是通过竞争作用、重寄生作用抑制病原菌生长；印容等（2016）研究表明内生真菌球毛壳菌产生的鞘氨醇次生代谢产物对油菜根肿病具有很好的生防作用。本研究从健康林下参叶片中分离获得的球毛壳菌SF-01菌株，对7种人参病原菌有抑制作用，尤其对人参黑斑病菌抑制效果最强，因此，该内生真菌可作为人参病害的生防菌。

抑菌活性物质受外界培养条件的影响，为了提高SF-01菌株抑菌活性物质的产量，通过单因素试验优化了培养基成分及发酵条件，后续将探究其抑菌机制，以期为将其大规模开发成一种新型生防菌剂奠定理论基础。

目前多采用五氯硝基苯、噁霉灵、多菌灵、咯菌腈、代森锰锌、多抗霉素、丙环唑、嘧菌酯等多种化学农药已被广泛用于防治人参病害，但研究表明，人参病原菌对以上农药逐渐产生了抗药性（Saito等，2016），亟须寻求新的防治人参病害的方法，以减缓病原菌抗药性的产生。内生菌生存在植物体内，有稳定的生存空间，可以长期地定殖于植物体内，不易受外界环境条件的影响，与病原菌可以直接互作，是一类重要的生防菌资源（Aly等，2011）。

球毛壳菌（*Chaetomium globosum*）是毛壳菌中研究最早的生防菌（Martin Moore，1995），具有产生抑菌物质的能力（Soytong等，2001），广泛应用于病害的防治。印容等（2016）研究表明，球毛壳菌（*Chaetomium globosum*）产生的鞘氨醇类物质，对油菜根肿菌具有较强的抑制作用，LAN等（2011）从油菜中分离到的内生球毛壳菌YY-11在平板对峙试验中，对油菜菌核病菌（*Sclerotinia sclerotiorum*）、立枯丝核菌（*Rhizoctonia solani*）、棉花立枯菌（*Rhizotonia solani*）、棉花枯萎病菌（*Fusarium oxysporum*）、油菜白斑病菌（*Cerosphorella albo-maculans*）、油菜黑斑病菌（*Alternaria brassicae*）、油菜灰霉病菌（*Botrytis cinerea*）、小麦赤霉菌（*Fusarium graminearum*）都有抑制作用。本研究以实验室前期获得的优势菌株球毛壳菌 FS-01 为材料，通过内生菌菌丝对峙培养，发酵液和孢子悬浮液抑菌试验，研究了其对 5 种人参病原菌的抑制作用。研究结果表明：球毛壳菌 FS-01 菌株对 5 种人参病原菌均有不同程度的抑制效果，具有广谱性，可作为一种潜在的人参病害生物农药。但是，内生真菌球毛壳菌 FS-01 在活体上对病原菌的抑制能力是否与体外一致，以及抑菌机制、菌株发酵液中抗菌物质的活性成分和化学结构还有待进一步深入研究。

毛壳菌隶属于子囊菌门核菌纲粪壳目毛壳菌科毛壳菌属（Kirk 等，2008）。研究发现，毛壳菌具有产生抑菌物质的能力（Soytong 等，2001）。球毛壳菌是毛壳菌中研究最早的生防菌（Martin T，et al.，1995），对尖孢镰刀菌（*Fusarium oxysporum*）、腐霉菌（*Pythium*）、苹果黑星病菌（*Venturia inaequalis*）等多种植物病原菌具有显著的抑制作用（Walther，1988；Pietro 等，1992；Christian，John，1983）。本研究从人参叶片中获得的内生真菌菌株 FS-01 对人参黑斑病菌具有较好的抑制作用。结合形态学特征及 ITS 序列分析，根据已报道的各种毛壳菌的形态描述特征（Sun 等，2004），鉴定菌株 FS-01 为毛壳菌属（*Chaetomium*）中的球毛壳菌（*C. globosum*）。目前，对于药用植物人参病害的防治通常都是用化学农药，这样对药材的安全造成了威胁。内生真菌生活在健康植物组织内却并不对植物造成明显的伤害，因此从内生真菌中寻找潜在的生防内生真菌是药用植物病害生物防治的重要研发领域（邢晓科，2018）。本研究筛选的 FS-01 菌株对人参黑斑病菌具有很好的抑制作用，是一种极具研发潜力的生防内生真菌，但其产生溶菌作用的机制还有待进一步研究，以促进其生产研发应用。

细辛是我国传统常用中药材，病害防治应采用生态安全的方法，才能保障临床用药的安全。生物防治具有安全、特异性强、无毒等特点，在药用植物病害防治上具有明显的优势，已成为药用植物病害防治的重要研究领域（邢晓科，2018），但细辛叶枯病的生物防治尚未见报道。本研究筛选出的侧孢短芽孢杆菌对细辛叶枯病具有较好防治效果，其作为最具生防潜力的菌株之一，发挥生物防治作用的同时还能起到促进植株的生长的作用（Zhang 等，2001），有巨大的应用价值和研究前景，已成为当前研究的热点。其生防机制主要包括：产生多种具有抗菌活性的代谢产物，如抗生素、酶类、芽孢菌胺、聚酮类等；诱导植株产生系统抗病性（李蔚等，2016）和营养竞争作用（郝楠等，2017）。研究表明，其产生的蛋白酶、几丁质酶、抗菌肽等外泌蛋白对立枯丝核菌（*Rhizoctonia solani*）、尖孢镰刀菌（*Fusarium oxysporum*）、木贼镰刀菌（*F. equiseti*）以及小麦赤霉病菌（*Gibberella sanbinetti*）、水稻稻瘟病（*Magnaporthe grisea*）和辣椒疫霉菌（*Phytophthora capsici*）等多种植物病原菌都有广谱抑菌作用（张楹，2006；Prasanna 等，2013；Zhao 等，2012；杜春梅等，2007）。另外，在发酵过程中产生的侧孢菌胺，对革兰阴性菌和革兰阳性菌均有抑制作用（Shoji 等，1976）。张丹等（2017）通过侧孢短芽孢杆菌的体外抑菌实验研究发现，侧孢短芽孢杆菌 S62-9 为优势菌时，通过营养竞争的作用抑制了藤黄微球菌和大肠杆菌的生长，当 2 株致病菌为优势菌时，随着侧孢短芽孢杆菌抗菌肽的产生，藤黄微球菌和大肠杆菌的的活菌数开始下降至消亡。诱导抗病性是生物防治的重要机制之一，李蔚等（2016）研究发现，经侧孢短芽孢杆菌 B8 的抗菌蛋白处理后的辣椒，植株体内产生 PR 蛋白，表明侧孢短芽孢杆菌可诱导辣椒系统抗病性的产生。王颢潜（2015）发现了侧孢短芽孢杆菌 A60 中的激发子 PeBL1，并揭示了 PeBL1 通过诱导活性氧爆发、酚类物质和木质素积累等激活了烟草的系统抗病性。

侧孢短芽孢杆菌生长过程的各个阶段均可产生相应的毒力因子，加之活菌自身的竞争作用以及诱导抗病性的作用，使其在植物病害防治领域有巨大的应用价值，如开发侧孢短芽孢杆菌的复合微生物肥料，用来进行抗菌、抗病、土壤改良以及促进植物生长等。但侧孢短芽孢杆菌在实际应用过程中尚存在一些问题：生产中发酵产量偏低的瓶颈问题亟待解决；以活菌作为制剂时，繁殖和防治效果均会受到环境因素的影响，导致防效不稳定；以及施用后是否会影响其占据的生态平衡。为解决生产中存在的问题，在侧孢短芽孢杆菌的应用研究中，可以根据不同生物、环境针对性的研制专用菌剂，提高其稳定性；以及通过基因工程技术等方法进行菌株的改良，以提高代谢物的产量。

本研究通过拮抗菌抑菌试验和发酵液抑菌试验从健康植株的根际菌群筛选出抑菌活性最高的菌株 S2-31，其活菌和发酵产物均可以明显抑制叶枯病病原菌菌丝的正常生长；经形态学和 16 S rDNA 序列分析鉴定为侧孢短芽孢杆菌。室内盆栽防效试验的测定结果表明，接种后 3 天侧孢短芽孢杆菌 S2-31 对细辛叶枯病防效达 79.87%，3~7d 也维持在较高的防效，能够明显抑制病害的发展。接下来，应开展侧孢短芽孢杆菌 S2-31 菌株对叶枯病菌的抑菌机制和诱导细辛植株系统抗病性作用的研究，并针对侧孢短芽孢杆菌目前存在的问题，在细辛叶枯病生防制剂的开发和应用方面进行深入的研究，促进侧孢短芽孢杆菌菌剂的开发和在细辛叶枯病生物防治上的利用。

参考文献

C J 阿历索保罗，C W 明斯，M 布莱克韦尔，2002. 菌物学概论［M］. 姚一建，李玉译. 第 4 版. 北京：中国农业出版社.

曹春娜，石延霞，李宝聚，2009. 枯草芽孢杆菌可湿性粉剂防治黄瓜灰霉病药效试验［J］. 中国蔬菜（14）：53-56.

曹凤明，沈德龙，李俊，等，2008. 应用多重 PCR 鉴定微生物肥料常用芽孢杆菌［J］. 微生物学报，48（5）：651-656.

曹书苗，2016. 放线菌强化植物修复土壤铅镉污染的效应及机理［D］. 西安：长安大学.

陈长卿，金辉，姜云，等，2019. 生防菌株 NJ13 与化学农药复配对人参黑斑病的联合毒力及田间防效［J］. 农药，58（5）：381-384.

陈华，袁成凌，蔡克周，等，2008. 枯草芽孢杆菌 JA 产生的脂肽类抗生素-iturin A 的纯化及电喷雾质谱鉴定［J］. 微生物学报，48（1）：116-120.

陈欢，王伟功，刘岩，2011. 5 种杀菌剂对 12 种真菌生长的影响研究［J］. 安徽农业科学，39（3）：1321-1322.

陈杰，郭天文，汤琳，等，2013. 灰黄青霉 CF3 对马铃薯土传病原真菌的拮抗性及其促生作用［J］. 植物保护学报，40（4）：301-308.

陈莉，檀根甲，丁克坚，2004. 枯草芽孢杆菌对几种灰霉病菌的抑制效果研究［J］. 菌物研究，2（4）：44-47.

陈荣庚，2008. 木霉菌的分离鉴定及其抑菌机理研究［D］. 福州：福建农林大学.

程亮，游春平，肖爱萍，2003. 拮抗细菌的研究进展［J］. 江西农业大学学报，25（5）：732-737.

崔云龙，姬金红，衣海青，1995. 短小芽孢杆菌 D82 对小麦根腐病原菌拮抗的研究［J］. 中国生物防治，11（3）：114-118.

邓建良，刘红彦，王鹏涛，等，2010. 生防芽孢杆菌脂肽抗生素研究进展［J］. 植物保护，36（3）：20-2.

丁贤，李卓佳，陈永青，等，2004. 芽孢杆菌对凡纳对虾生长和消化酶活性的影响［J］. 中国水产科学，11（6）：580-584.

东秀珠，蔡妙英，2001. 常见细菌系统鉴定手册［M］. 北京：科学出版社. 349.

董昌金，2004. 几种食用菌消毒剂的防霉效果研究［J］. 湖北师范学院学报（自然科学版），24（4）：40-42，56.

杜春梅，王葳，葛菁萍，等，2007. 生防菌株 BL-21 的鉴定及其活性产物［J］. 植物保护学报，34（4）：359-363.

方翔，徐伟芳，牛娜，等，2018. 一株桑树内生拮抗菌的分离、鉴定及发酵条件优化［J］. 微生物学报，58（12）：2147-2160.

方中达，1998. 植病研究方法［M］. 北京：中国农业出版社. 7.

方中达，2001. 植病研究方法［M］. 第 3 版. 北京：中国农业出版社.

傅俊范，王崇仁，吴友三，1995. 细辛叶枯病病原菌及其生物学研究［J］. 植物病理学报，25（2）：175-178.

郭成栓，崔堂兵，郭勇，2007. 嗜碱芽孢杆菌产碱性纤维素酶研究概况［J］. 氨基酸和生物资源，29（1）：35-38.

国家药典委员会，2015. 中华人民共和国药典. 一部［S］. 北京：中国医药科技出版社. 86-87.

韩长志，2015. 植物病害生防菌的研究现状及发展趋势［J］. 中国森林病虫，34（1）：25，33-37.

郝捷，李莉，陈飞，等，2011. 菌株 B10 对食用菌木霉病的拮抗作用及菌株鉴定［J］. 微生物学杂志. 31（4）：42-46.

郝楠，仝赞华，邱德文，2017. 侧孢短芽孢杆菌 A60 的筛选及其对辣椒疫霉的室内防效测定［J］. 生物技术通报，33（9）：160-165.
何迪，2010. 东北人参的营销策略研究［J］. 通化师范学院学报，31（5）：18-19.
何礼远，1995. 植物病虫害生物学研究进展［M］. 北京：中国农业科技出版社.
胡建伟，龚明福，彭英，等，2004. 多菌灵、石灰对 5 种霉菌抑菌效果的研究［J］. 新疆农业科学，41（专刊）：40-41.
黄瑞贤，李世荣，黄淑敏，等，2007. 细辛病害的种类及其防治技术［J］. 人参研究，19（3）：34-35.
黄志立，罗立新，杨汝德，等，2002. 纳豆激酶［J］. 生命的化学（2）：82-83.
蒋冬花，2001. 杀真菌剂对香菇等食用真菌及污染霉菌菌丝生长的影响［J］. 浙江大学学报（农业与生命科学版），27（3）：321-324.
康业斌，成玉梅，郭秀璞，等，1998. 多菌灵对绿色木霉的毒力测定［J］. 食用菌学报，5（2）：45-48.
黎起秦，陈永宁，林纬，等，2000. 西瓜枯萎病生防细菌的筛选［J］. 广西农业生物科学，19（2）：81-84.
黎起秦，林纬，陈永宁，等，2000. 芽孢杆菌对水稻纹枯病的防治效果［J］. 中国生物防治，16（4）：160-162.
李宝庆，鹿秀云，郭庆港，等，2010. 枯草芽孢杆菌 BAB-1 产脂肽类及挥发性物质的分离和鉴定［J］. 中国农业科学，43（17）：3547-3554.
李长松，1992. 拮抗性细菌生物防治植物土传病害的研究进展［J］. 生物防治通报，8（4）：168-172.
李春俭，2008. 高级植物营养学［M］. 北京：中国农业大学出版社.
李洁，陈华红，赵国振，等，2007. 两株具有抗癌活性内生细菌的分离及分类［J］. 微生物学杂志，27（1）：1-4.
李娟，张克勤，2013. 食线虫微生物防控病原线虫的研究. 中国生物防治学报，29（4）：481-489.

李蔚，赵秀香，徐千惠，等，2016. 侧孢短芽孢杆菌 B8 胞外抗菌蛋白对辣椒立枯病抗病机制的研究［J］. 中国植保导刊，36（10）：5-9.

李雪娇，2011. 油茶软腐病内生拮抗细菌的分离筛选及菌剂的研制［D］. 长沙：中南林业科技大学.

林树钱，王赛贞，林志衫，2002. 香菇生长发育和加工贮存中甲醛含量变化的初步研究［J］. 中国食用菌，21（3）：26-28.

刘颖，徐庆，陈章良，1999. 抗真菌肽 LP-1 的分离纯化及特性分析［J］. 微生物学报，39（5）：441-447.

刘勇，李凡，李朋，等，2019. 侵染我国主要蔬菜作物的病毒种类、分布与发生趋势［J］. 中国农业科学，52（2）：239-261.

马丹丹，陈晓燕，2015. 药用植物经济价值分析研究［J］. 商（50）：110.

马志远，李金岭，冯志珍，等，2012. 1 株烟草赤星病拮抗芽孢杆菌的鉴定与活性研究［J］. 西北农林科技大学学报（自然科学版），40（3）：117-125.

毛宁，薛泉宏，唐明，等，2010. 放线菌对对羟基苯甲酸的降解作用及草莓生长的影响［J］. 中国农业科技导报，12（5）：103-108.

孟立花，李社增，郭庆港，等，2008. 枯草芽孢杆菌 NCD-2 菌株抗菌蛋白初步分析［J］. 华北农学报，23（1）：189-193.

R E 布坎南，N E 吉本斯，等，1984. 伯杰细菌鉴定手册［M］. 第八版. 北京：科学出版社.

邵凌云，师迎春，国立耘，2008. 北京地区食用菌上木霉污染菌的种类鉴定［J］. 食用菌学报，15（1）：86-90.

束炎南，1981. 综合防治与病虫测报［J］. 植物保护，7（2）：2-3.

宋利华，王红梅，萧伟，2012. 人参多糖的分级及其免疫活性初探［J］. 中国实验方剂学杂志，18（14）：162-166.

宋勇，顾玉琴，李小玉，等，2018. 一株鱼腥草内生真菌的菌种鉴定及抑菌活性初探［J］. 现代预防医学，45（11）：2052-2055，2058.

唐韵，2000. 浅谈植物细菌病害与杀细菌剂［J］. 农药市场信息（9）：26.
田黎，李光友，2001. 海洋生境芽孢杆菌（*Bacillus* spp.）的培养条件及产生胞外抗菌蛋白［J］. 海洋学报，23（4）：87-92.
田连生，陈菲，2009. 木霉对多菌灵的生物降解特性研究［J］. 土壤学报，46（6）：1127-1131.
王春伟，白庆荣，高洁，等，2011. 22 种杀菌剂及其不同配比对人参灰霉病菌的毒力测定［J］. 农药，50（1）：61-64.
王迪，王诗然，杨明佳，等，2018. 吉林省人参黑斑病菌对常用药剂的抗药性监测及交互抗药性测定［J］. 农药，57（8）：603-605.
王颢潜，2015. 侧孢短芽孢杆菌 A60 激发子 PeBL1 鉴定和基因功能的研究［D］. 北京：中国农业科学院.
王帅，高圣风，高学文，等，2007. 枯草芽孢杆菌脂肽类抗生素发酵和提取条件［J］. 中国生物防治，23（4）：342-347.
王晓辉，薛泉宏，2011. 阿魏酸降解放线菌的筛选及其降解与拮抗效果研究［J］. 西北农林科技大学学报（自然科学版），39（12）：153-158.
吴成秋，2010. 居室空气甲醛与苯污染的生殖和胚胎发育毒性及其作用机制研究［D］. 长沙：中南大学.
吴小平，吴晓金，胡方平，等，2008. 食用菌栽培中相关木霉的遗传多样性及生物学特性［J］. 福建农林大学学报（自然科学版），37（5）：527-531.
吴晓金，詹友学，吴小平，2007. 木霉对食用菌侵染能力的分析［J］. 福建农业学报，22（4）：354-359.
谢栋，彭憬，王津红，等，1998. 枯草芽孢杆菌抗菌蛋白 X98 Ⅲ的纯化与性质［J］. 微生物学报，38（1）：13-19.
邢晓科，2018. 药用植物内生真菌资源：一个亟待开发的宝库［J］. 菌物学报，37（1）：14-21.
杨合同，肖性龙，徐砚珂，2003. 木霉菌平板抗菌、几丁质酶和 β-1，3-葡聚糖酶活性与病害防治效果［J］. 山东科学，16（2）：1-6.

于新，田淑慧，徐文兴，等，2005. 木霉菌生防作用的生化机制研究进展［J］. 中山大学学报（自然科学版），44（2）：86-90.

翟明涛，王开运，许辉，等，2014. 抗氟吡菌胺辣椒疫霉菌株的诱导及其生物学特性的研究［J］. 植物病理学报，44（1）：88-96.

张丹，王志新，李兴峰，等，2017. 侧孢短芽孢杆菌 S62-9 对常见微生物的体外抑菌作用［J］. 中国食品学报，17（1）：55-61.

张海良，马辉刚，李湘民，等，2011. 辣椒疫霉菌对甲霜灵的敏感性测定［J］. 江西农业大学学报，33（2）：270-274.

张慧，杨兴明，冉炜，等，2008. 土传棉花黄萎病拮抗菌的筛选及其生物效应［J］. 土壤学报，45（6）：1095-1101.

张雷鸣，徐娇，刘振鹏，等，2016. 人参黑斑病拮抗菌的筛选［J］. 东北林业大学学报，44（11）：89-91.

张楹，2006. 侧孢芽孢杆菌产生的抑真菌蛋白酶［J］. 中国生物防治，22（2）：146-149.

章元寿，1991. 植物病原真菌毒素的研究现状［J］. 真菌学报（3）：169-181.

周春元，朴向民，闫梅霞，等，2019. 人参黑斑病菌生防内生真菌的分离筛选、鉴定及抑菌特性［J］. 中国中药杂志，44（2）：274-277.

周泠璇，刘娅，2016. 红提葡萄内生细菌的分离鉴定及灰霉病拮抗菌的筛选［J］. 生物技术通报，32（4）：184-189.

朱跃兰，侯秀娟，赵凤毛，2010. 细辛应用安全性的研究进展［J］. 中华中医药学刊，28（6）：1175-1177.

Akihiro O，Takashi A，Makoto S，1993. Effect of temperature change and aeration on the production of the antifungal peptide antibiotic iturin by *Bacillus subtilis* NB22 in liquid cultivation［J］. Journal of Ferment ation and Bioengineering，75（6）：463-465.

Akihiro O，Takashi A，Makoto S，1995. Effect of temprature on production of lipopeptide antibiotics，iturin A and surfactin by a dual producer，*Bacillus* subtilis RB14, in solid-state fermentation [J]. Journal of Ferment ation and Bioengineering, 80 (5): 517-519.

Akihiro O, Takashi A, Makoto S, 1996. Use of soybean curd residue, okara, for the solid state substrate in the production of a lipopeptide antibiotic, iturin A, by *Bacillus subtilis* NB22. Process Biochemistry, 31 (8): 801-806.

Aly A H, Debbab A, Proksch P, 2011. Fungal endophytes: unique plant inhabitants with great promises [J]. Applied Microbiology and Bio technology, 90 (6): 1829-1845.

Amaresan N, Jayakumar V, Kumar K, et al, 2012. Isolation and characterization of plant growth promoting endophytic bacteria and their effect on tomato (*Lycopersicon esculentum*) and chilli (*Capsicum annuum*) seedling growth [J]. Annals of Microbiology, 62 (2): 805-810.

Arshad M, Shaharoona B, Mahmood T, 2008. Inoculation with *Pseudomonas* spp. containing aCC-Deaminase partially eliminates the effects of drought stress on growth, yield, and ripening of pea (*Pisum sativum* L.). Pedosphere, 18 (5): 611-620.

Bacon C W, White J F Stone J K, 2000. An overview of endophytic microbes: endophytismdefined [M]. Microbial Endophytes. New York: Marcel Dekker, 3.

Baek J M, Houell C R, Kenerley C M, 1999. The role of extracellular chitinase from *Trichoderma virens* Gv29-8 in the biocontrol of *Rhizoctonia solani* [J]. Current Genetics, 35 (1): 41-50.

Barak R, Elad Y, Mirelman D, et al, 1985. Lectins: A possiblebasis for specific recognition in the interaction of *Trichoderma* spp. and *Sclerotium rolfsii* [J]. Phytopathology, 75 (4): 458-462.

Benhamou N, Chet I, 1993. Hyphal interactions between Trihoderma harzianum and Rhizoctonia solani: ultrastructure and gold cytochemistry of the mycoparasitic process [J]. Phytopathology, 83 (10): 1062-1071.

Bertangnolli B L, Daly S, Sinclair J B, 1998. Antimycotic compoundsfrom the plant pathogen *Rhizoctonia solani* and its antagonist *Trichoderma harzianum* [J]. Journal of Phytopathology, 146 (213): 131-135.

Besson F, Michel G, 1987. Isolation and characterization of new iturins: iturin D and iturin E [J]. The Journal of Antibioties, 40 (4): 437-442.

Blakeman J P, Fokkema N J, 1982. Potential for biological control of plant diseases on the phyllophane [J]. Annual Review of Phytopathology, 20 (1): 167-192.

Briskin D P, 2000. Medicinal plants and phytomedicines. linking plant biochemistry and physiology to human health [J]. Plant Physiology, 124 (2): 507-514.

Brum M C P, Araújo W L, Maki C S, et al, 2012. Endophytic fungi from *Vitis labruscal* L. and its potential for the biological control of *Fusarium oxysporum* [J]. Genetics and Molecular Resarch, 11 (4): 4187-4197.

Castle A, Speranzini D, Rghei N, et al, 1998. Morphological and molecular identification of *Trichoderma isolates* on North American mushroom farms [J]. Applieal and Environmental Microbiology, 64 (1): 133-137.

Chet I, 1987. Trichoderma: application, mode of action and potential as a biocontrol agent of soilborne plantpathogenic fungi. In I. Chet (ed.), Innovative approaches to plant disease control. Wiley J, Sons. New York, N. Y. . 137-160.

Choukri H, Philoppe J, Hary R, et al, 1996. Influence of the production of two lipopetides, Iturin a and Surfactin S1, on oxygen transfer during *Bacillus subtilis* fermentation [J]. Applied Biochemistry and Biotechnology, 57 /58: 571-579.

Chowdhury E K, Jeon J, Rim S O, et al, 2017. Composition, diversity and bioactivity of culturable bacterial endophytes in mountain-cultivated ginseng in Korea [J]. Scientific Reports, 7 (1), 10098.

Christian C H, John H A, 1983. Antagonism of *Athelia bombacina* and *Chaetomium globosum* to the apple scab pathogen, *Venturia in aeqalis* [J]. Phytopathology, 73 (5): 650-654.

Das P, Mukherjee S, Sen R, 2008. Antimicrobial potential of a lipopeptide biosurfactant derived from a marine *Bacillus circulans* [J]. Joural of Applied Microbiology, 104 (6): 1675-1684.

Deleu M, Paquot M, Nylander T, 2005. Fengycin interaction Joural of with lipid monolayers at the air-aqueous interface—implications for the effect of fengycin on biological membranes [J]. Journal of Colloid and Interface Science, 283 (2): 358-365.

Deleu M, Razafindralambo H, Popineau Y. J, 1999. Colloids and SurfacesA. 152: 3-10.

Desai J D, Banat I M, 1997. MicrobioMolBiolRev. 61 (1): 47-64.

Djonovié S, Pozo M J, Kenerley C M, 2006. Tvbgn3, a beta β-1, 6-glucanase from the bioeontrol fungus *Trichoderma virens*, is Involved in mycoparasitism and control of *Pythiumultimum* [J]. Applied and Environmental Microbiology, 72 (12): 7661-7670.

Donoso E P, Bustamante R O, Carú M, et al, 2008. Water deficit as a driver or the mutualistic relationship between the fungus *Trichoderma harzianum* and two wheat genotypes [J]. Applied and Environmental Microbiology, 74 (5): 1412-1417.

Eiad Y, Kapat A, 1999. The role of *Trichoderma harzianum* protease in the biocontrol of *Botrytis cinerea* [J]. European Journal of Plant pathology, 105: 177-189.

Elad Y, Barak R, Chef I, 1983. Possible role of lectins in mycopar asifism [J]. Journal of Bacteriology, 154 (3): 1431-1435.

Elad Y, Barak R, Chet I, 1984. Parasitism of sclerotia *Sclerotium rolfsii* by *Trichodermaharziamum* [J]. Soil Biology and Biochemistry, 16 (4): 381-386.

Elad Y, Chet I, Boyle P, et al, 1983. Parasitism of *Trichoderma* spp. on *Rhizoctonia solani* and *Sclerotium rdfsii*—scanning electron microscopy and fluorescence microscopy [J]. Phytopathology, 73 (1): 85-88.

Emmert E a, Handelsmen J, 1999. Biocontrol of plant disease: a (Gram-) positive perspective [J]. FFMS Microbiology Lettlers, 171 (1): 1-9.

Eo J K, Choi M S, Eom A H, 2014. Diversity of endophytic fungi isolated from *Korean ginseng leaves* [J]. Mycobiology, 42 (2): 147-151.

Ernst E, 2010. Panax ginseng: An overview of the clinical evidence [J]. Journal of Ginseng Research, 34 (4): 259-263.

Fang Z D, 1998. Research methods of plant disease [M]. Beijing: China Agriculture Press.

Francoise P, Marie T P, Bhupesh C, 1984. Structurals of bacillomycin D and bacillomycin L peptidolipid antibiotics from *Bacillus subtilis* [J]. The Journal of Antibiotics, 37 (12): 1600-1604.

Geremia R A, Goldman G H, Jacobs D, et al, 1993. Molecular characterization of the proteinase - eneoding gene, prbl, related to mycoparasitism by *Trichoderma harzianum* [J]. Molecular Microbiology, 8 (3): 603-613.

Geysens S, Pakula T, Uusitalo J, et al, 2005. cloning and characterization of the glueosidase Ⅱ alpha subunit gene of *Trichoderma reesei*: a freshift mutation results in the Aaberrant glycosylation profile of the hypercellulolytic strain Rut-C30 [J]. Applied and Enviromental Microbiology, 71 (6): 2910-2924.

Gu Z R, Wu W, Gao X H, et al, 2004. Antfungal substances of *Bacillus subtilis* strain G3 and thier properties [J]. Acta Phytopathologica Sinica, 34 (2): 166-172.

Gunatilaka A A L, 2006. Natural products from plant-associated microorganisms: distribution, structural diversity, bioactivity, and implications of their occurrence [J]. Journal of Nataral Products, 69 (3): 509-526.

Guo B, Wang Y, Sun X, et al, 2008. Bioactive natural products from endophytes: a review [J]. Applied Biochemistry and Microbiology, 44 (2): 136.

Haddad N I, Wang J, Mu B Z, 2009. Identification of a biosurfactant producing strain: *Bacillus subtilis* HOB2 [J]. Protein and Peptide Letters, 16 (1): 7-13.

Horace G C, Richard H C, Farrist G C, et al, 1986. 6-Pentyl-α-pyone from *Trichoderma harzianum*: Its plant growth inhibitory and antimicrobial properties [J]. Agricultural and Biological Chemistry, 50 (11): 2943-2945.

Hue N, Serani Y, 2001. Rapid CommunMass Spectrom. 15 (3): 203-209.

Jiang C, Sheng X F, Qian M, et al, 2008. Isolation and characterization of a heavy metal-resistant *Burkholderia* sp. from heavy metal-contaminated paddy field soil and its potential in promoting plant growth and heavy metal accumulation in metal-polluted soil [J]. Chemosphere, 72 (2): 157-164.

John Wiley Sons, 1994. Antimicrobial peptides (ciba foundation symposium 186) [M]. New york: wiley sons Ltd. 30-34.

Johnson F H, Campbell D H, 1945. The retardation of protein denaturation by hydrostatic pressure [J]. Journal of Cellular and Comparative Physiology, 26 (1): 43-46.

Kalia A, Gosal S K, 2011. Effect of pesticide application on soil microorganisms [J]. Archives of Agronomy and Soil Science, 57 (6): 569-596.

Kim P I, Bai H, Bai D, et al, 2004. Purification and characterization of a lipopeptide produced by *Bacillus thuringiensis* CMB26 [J]. Journal of Applied Microbiology, 97 (5): 942-949.

Kirk P M, Cannon P F, Minter D W, et al, 2008. Ainsworth & Bisby's diationary of the fungi [M]. 10th edition. UK, Wallingford: CAB Publinshing.

Lan N, Qi G F, Yu Z N, et al., 2011. Isolation, identification and anti-fungal action of endophytic fungi of rapeseed [J]. Journal of Huazhong Agricultural University, 30 (3): 270-275.

Li P X, Wang X, Liu R J, 2013. Bacterial identification of *Botrytis cinerea* and

Alternaria panax from a antagonized ginseng strain [J]. Journal of Jilin Agricultural University, 35 (5): 516-519.

Lin H Z, Guo Z X, YangY Y, et al, 2004. Effect of dietary probiotics on digestibility coefficients of nutrients of white shrimp *Litopenaeus vannamei* Boone [J]. Aquaculture Research, 35 (15): 1441-1447.

Liu C Y, Xu R R, Ji H L, et al. , 2015. Isolation, screening and identification of an endophytic fungus and the detection of its antifungal effects [J]. Journal of Plant Protection, 42 (5): 806-812.

Lorito M, Harman G E, Hayes C K, et al, 1993. Chitinolytic enzymes produced by *Trichoderma harziamun*: antifungal activity of purified endochitinase and chitobinase [J]. Phytopathology, 83: 302-307.

Lu Z H, Zhou R J, Yuan Y, et al, 2016. Isolation and identification of endophytic bacteria from ginseng and its inhibition activity against Sclerotinia ginseng [J]. China Plant Protection, 36 (3): 5-10.

Maget-Dana R, Thimon L, Peypoux F, et al, 1992. Surfactin/iturin A interactions may explain the synergistic effect of surfactin on the biological properties of iturin A [J]. Biochimie, 74 (12): 1047-1051.

Martin T, Moore M B, 1995. Isolate of Chaetomium that protest oats from *Helminthosporium victoria* [J]. Phytopathology, 4 (44): 686-694.

Mauch F, Mauch-Mani B, Boller T, 1988. Antifungal hydrolyses in pea tissue: Ⅱ Inhibition of fungal growth by combination of chitinase and β-1, 3-glucanase [J]. Plant Physiology, 88 (3): 936-942.

Mayak S, Tsipora Tirosh, Bernard R G, 2004. Plant growth-promoting bacteria that confer resistance to water stress in tomatoes and peppers [J]. Plant Science, 166 (2): 525-530.

Mhammedi A, Peypoux F, Besson F, 1982. Bacillomycin F, a new antibiotic of iturin group: isolation and characterization [J]. The Journal of Antibiotics, 35 (3): 306-311.

Muthumeenakshi S, Mills P R, Brown A E, et al, 1994. Intraspecific molecular variation among *Trichoderma harzianum* isolates colonizing mushroom compost in the British Isles [J]. Microbiology, 140 (4): 769-777.

Nishikiori T, Naganawa H, Muraoka Y, et al, 1986. Plipastatins: new inhibitors of phospholipase A2, produced by *Bacillus cereus* BMG302-fF67. Ⅲ. structural elucidation of Plipastatins [J]. The Journal of Antibiotics, 39 (6): 755-761.

Paloheimo M, Mäntylä A, Kallio J, et al, 2007. Increased produetion of xylanase by expression of a truneated version of the xyn11 A gene from Nonmuraea flexuosa in *Trichoderma reesei* [J]. Applied and Environmental Microbiology, 73 (10): 3215-3224.

Park Y H, Kim Y, Mishra R C, et al, 2017. Fungal endophytes inhabiting mountain-cultivated ginseng (*Panax ginseng* Meyer): diversity and biocontrol activity against ginseng pathogens [J]. Scientific Reports, 7: 16221.

Pietro A D, Gut-Rella M, Pachlatko J P, et al, 1992. Role of antibiotics produced by *Chaetomium globosum* in biocontrol of *Pythium ultimum*, a causal agent of damping-off [J]. Physiology and Biochemistry, 82 (2): 131-135.

Prasanna L, Eijsink V G H, Meadow R, et al, 2013. A novel strain of *Brevibacillus laterosporus* produces chitinases that contribute to its biocontrol potential [J]. Applied Microbiology and Biotechnology, 97 (4): 1601-1611.

Rajkumar M, Sandhya S, Prasad M N, et al, 2012. Perspectives of plant-associated microbes in heavy metal phytoremediation [J]. Biotechnology Advances, 30 (6): 1562-1574.

Roberts M S, Nakamura L K, Cohan, F. M, 1996. *Bacillus vallismortis* sp. nov., a close relative of *Bacillus subtilis*, isolated from soil in Death Valley. California [J]. International Journal of Systematic Bacteriology, 46 (2), 470-475.

Rodriguez R J, White J F, Arnold A E, et al, 2009. Fungal endophytes: diversity and functional roles [J]. The New Phytologist, 182 (2): 314–330.

Ryu, Choongmin, et al, 2003. Bacterial volatiles promote growth in Arabidopsis [J]. Proceedings of the National Academy of Sciences, of the United States of America 100 (8): 4927–4932.

Saito S, Michailides T J, Xiao C L, 2016. Fungicide resistance profiling in*Botrytis cinerea* populations from blueberries in California and Washington and their impact on control of gray mold [J]. Plant Disease, 100 (10): 2087–2093.

Sandrin C, Peypoux F, Michel G, 1990. Coproduction of surfactin and iturin A, lipopeptides with surfactant and antifungal properties, by *Bacillus subtilis* [J]. Biotechnology and Applied Biochemistry. 12 (4): 370–375.

Santhanam R, Baldwin I T, Groten K, 2015. In wild tobacco, *Nicotiana attenuata*, variation among bacterial communities of isogenic plants is mainly shaped by the local soil microbiota independently of the plants' capacity to producejasmonic acid [J]. Communicative & Integrative Biology, 8 (2): e1017160.

Schmoll M, Franchi L, Christian P, et al, 2005. Envoy, a PAS/LOV domain protein of *Hypocrea jecorina* (Anamorph *Trichoodema reesei*), modulates cellulase gene transcription in response to light [J]. Eukaryotic Cell, 4 (12): 1998–2007.

Schreiber L R, Gregory G F, Krause C R, et al, 1988. Production, partial purification and antimicrobial activity of a novel antibiotic produced by a *Bacillus subtilis* isolate from *Ulmus americana* [J]. Canadian Journal of Botany, 66 (1): 2338–2346.

Sharma H S S, KilPatrick M, Ward F, et al, 1999. Colonization of phase Ⅱ compost by biotypes of *Trichoderma harzianum* and the their effect on mushroom yield and quality [J]. Applied Microbiology and Biotechnology, 51 (5): 572–578.

Shibata S, 2001. Chemistry and cancer preventing activities of ginseng saponins and some related triterpenoid compounds [J]. Journal of Korean Medical Science, 16: 28-37.

Shoji J, Sakazaki R, Wakisaka Y, et al, 1976. Isolation of a new antibiotic, laterosporamine (Studies on antibiotics from the genus *Bacillus*. XIII) [J]. The Journal of Antbiotics, 29 (4): 390-394.

Silvia F, Sturdikova M, Muckova M, 2007. Bioactive secondary metabolites produced by microorganisms associated with plants [J]. Biologia, 62 (3): 251-257.

Someya N, 2008. Biological control of fungal plant diseases using antagonistic bacteria [J]. Journal of General Plant Pathology, 74 (6): 459-460.

Song Y, Gu Y Q, Li X Y, et al., 2018. Identification and the antimicrobial activity of an endophytic fungus isolated from Houttuynia cordata thumb [J]. Modern Prev Med, 45 (11): 2052-2058.

Soytong K, Kanokmedhakul S, Kukdongviriyapa V, et al, 2001. Application of *Chaetomium species* (ketomium) as a new broad spectrum biological fungicide for plant disease control: a review article [J]. Fungal Diversit, 7: 1-15.

Strobel G, 2006. Harnessing endophytes for industrial microbiology [J]. Current Opinion in Microbiology, 9: 240-244.

Sugita H, Hirose Y, Matsuo N, et al, 1998. Production of the antibacterial substance by *Bacillus* sp. strain NM12, an intestinal bacterium of Japanese coastal fish [J]. Aquaculture, 165 (314): 269-280.

Sun G Y, Tan Y J, Zhang R, 2004. The family*Chaetomiaceae* from China Ⅰ. Species of the genus *Chaetomium* [J]. Mycosystema, 23 (3): 333-337.

Sögarrd H, Denmark T S, 1990. Microbials for feed beyond lactic acid bacteria [J]. Feed International, 11 (4): 32-37.

Tamura K, Peterson D, Peterson N, et al, 2011. MEGA5: molecular evolutionary genetics analysis using maximum likelihood, evolutionary distance, and maximum parsimony methods [J]. Molecular Biology Evolution, 28 (10): 2731-2739.

Tang W H. Edited, 1996. Advances in Biological control of plantdiseases, Proceeding of the international workshop on biological control of plant diseases [M]. Beijing: China Agricultural University Press. 268-272.

Theocharis A, et al, 2012Burkholderia phytofirmans PsJN primes *Vitis vinifera* L. and confers a better tolerance to low nonfreezing temperatures [J]. Molecular Plant-Microbe Interactions, 25 (2): 241-249.

Vanittanakom N, Loeffler W, Koch U, et al, 1986. Fengycin anovel—a ntifungal lipopeptide antibiotic produced by *Bacillus subtilis* F-29-3 [J]. The Journal of Antibiotics. 39 (7): 888-901.

Vessey, J Kevin 2003. Plant growth promoting rhizobacteria as biofertilizers [J]. Plant and Soil 255 (2): 571-586.

Walther D, Gindrat D, 1988. Biological control of damping-off of sugar-beet and cotton with*Chaetomium globosum* or a fluorescent *Pseudomonas* sp. [J]. Can adian Journal of Microbiology, 34 (5): 631-637.

Xie J, Strobel G A, Feng T, et al, 2015. An endophytic*Coniochaeta velutina* producing broad spectrum antimycotics [J]. Journal of Microbiology, 53 (6): 390-397.

Yoshio K, Masanori S, Miyuki K, 1995. Bacillopeptins, new cyclic lipopeptide antibiotics from *Bacillus subtilis* FR-2 [J]. The Journal of Antibiotics, 48 (10): 1095-1103.

Yu W J, Lee B J, Nam S Y, et al, 2003. Modulating effects of *Korean ginseng* saponins on ovarian function immature rats [J]. Biological & Pharm aceutical Bulletin, 26 (11): 1574-1580.

Zhang H W, Song Y C, Tan R X, 2006. Biology and chemistry of endophytes [J]. Natural Product Reports, 23 (5): 753.

Zhang S A, Reddy M S, Kokalis-burelle N, et al, 2001. Lack of induced systemic resistance in peanut to late leaf spot disease by plant growth-promoting rhizobacteria and chemical elicitors [J]. Plant Disease, 85 (8): 879-884.

Zhao J, Guo L H, Zeng H M, et al, 2012. Purification and characterization of a novel antimicrobial peptide from *Brevibacillus laterosporus* strain A60 [J]. Peptides, 33 (2): 206-211.

致　　谢

感谢吉林农业大学食药用菌教育部工程研究中心李玉院士对本研究的指导和帮助，感谢辽宁省微生物科学研究院李莉院长对本研究的指导与帮助。

感谢刘亚苓、郝捷对本研究的支持。

感谢中国农业科学院科技创新工程（CAAS-ASTIP-2016-ISAPS）、国家重点研发计划课题2017YFC1702102给予本研究的支持。